人一生不可不知的
生活法则

翟文明 编著

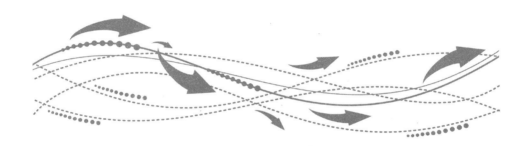

光明日报出版社

图书在版编目（CIP）数据

人一生不可不知的生活法则/翟文明编著. –– 北京：光明日报出版社，2011.6

（2025.4 重印）

ISBN 978-7-5112-1144-6

Ⅰ.①人… Ⅱ.①翟… Ⅲ.①成功心理—通俗读物 Ⅳ.① B848.4–49

中国国家版本馆 CIP 数据核字 (2011) 第 066676 号

人一生不可不知的生活法则

REN YISHENG BUKE BUZHI DE SHENGHUO FAZE

编　　著：翟文明

责任编辑：温　梦　　　　　　　　责任校对：一　苇

封面设计：玥婷设计　　　　　　　责任印制：曹　净

出版发行：光明日报出版社

地　　址：北京市西城区永安路 106 号，100050

电　　话：010–63169890（咨询），010–63131930（邮购）

传　　真：010–63131930

网　　址：http://book.gmw.cn

E – mail：gmrbcbs@gmw.cn

法律顾问：北京市兰台律师事务所龚柳方律师

印　　刷：三河市嵩川印刷有限公司

装　　订：三河市嵩川印刷有限公司

本书如有破损、缺页、装订错误，请与本社联系调换，电话：010–63131930

开　　本：170mm × 240mm

字　　数：220 千字　　　　　　　印　　张：15

版　　次：2011 年 6 月第 1 版　　印　　次：2025 年 4 月第 4 次印刷

书　　号：ISBN 978–7–5112–1144–6–02

定　　价：49.80 元

前　言
PREFACE

　　我们每个人都希望自己过得更好，希望家庭更幸福、工作更顺利以及与别人相处得更愉快。但是，生活中常常会出现这样的情况：某个人并不是没有体贴入微地对待伴侣，并不是没有认真负责地对待工作，也并不是没有真心诚意地对待家人或朋友，但他得到的却是伴侣关系不和谐、工作中错误百出以及人际关系一团糟。

　　这究竟是为什么呢？其实我们做什么事情都是有法则可循的，他们因做了一些违背法则的事情而使自己的生活事倍功半。这些规律不仅能指导人的生活、改变人的生活态度，甚至还会影响人的一生。只有把握住了这些法则，我们的生活才能更美满、幸福，我们才能更好、更有质量地生活。

　　积极、乐观、豁达等是生活幸福必不可少的元素，这些你都拥有吗？通过多年深入研究，我们对生活幸福的人的生活法则进行了总结，精选出 82 个生活法则，它们囊括了生活的各个方面，能给踌躇满志的人以鼓舞和激励，给迷茫彷徨的人以希望和指引，给努力生活的人以启发和教益。相信读者一定能从中获得帮助和指导，从而开阔心胸、润泽心灵，走向成功。

　　这本书通过探讨我们生活的 5 个领域来阐述我们怎样生活。最重要的领域就是我们自己，年龄的增长并不意味着自己将更加明智——学会原谅自己以及改变你力所能及的，放开你无法改变的等法则告诉我们应该怎样对待自己的生活；其他领域则通过腾出时间关心你挚爱的人以及出色地完成你的工作告诉你怎样对待周围的人和事，如伴侣、朋友、工作等，让我们更加享受人生，活得更加游刃有余。

这些法则使我们认真地对待现在的生活，但是当然，这些法则并不是固定不变的，我们每个人的年龄、教育背景以及生活阅历都千差万别，在实际运用这些法则的过程中，可以根据自己的客观条件进行合理的调整。每个人都需要充满个性的生活标准，这些标准对我们每个人来说都极其重要。没有它们，我们就会像风中的柳絮，随风飘荡；像水中的浮萍，随波逐流，无法掌控自己的生活。有了这些标准，就好像拥有了定海神针。用它们来衡量、来评估、来审视我们的所作所为，使我们不至于迷失自己。

知道了这些法则，我们就能够汲取足够的力量，迎着预定的目标，坚定而快乐地走下去。

目 录
CONTENTS

第一篇　修炼自我，树立积极的人生态度

学会保持缄默……………………………………………… 2

认可你自己………………………………………………… 5

分清轻重缓急……………………………………………… 8

一生有所追求……………………………………………… 10

培养对世界万事的兴趣…………………………………… 13

人生不可能一帆风顺……………………………………… 16

控制自己的情绪…………………………………………… 19

相信自己能够成功………………………………………… 22

改变你力所能及的，放开你无法改变的………………… 25

要敢于梦想………………………………………………… 28

莫活在未来………………………………………………… 31

抓紧生活…………………………………………………… 34

每天都要注意你的穿戴服饰……………………………… 37

养成制订计划的习惯……………………………………… 40

培养幽默感………………………………………………… 43

走出你的舒适区…………………………………………… 46

要有尊严…………………………………………………… 49

正确认识你的情绪波动…………………………………… 51

让信念常在……………………………………………… 54

懂得真正的快乐源于何处………………………………… 57

懂得何时放弃……………………………………………… 60

照顾好你自己……………………………………………… 63

待人接物都要讲求礼貌…………………………………… 66

经常清理你的物品………………………………………… 69

为自己画定分界线………………………………………… 71

买东西要看质量而非价格………………………………… 74

避免过度忧虑……………………………………………… 77

留住青春…………………………………………………… 80

花钱解决问题并不一定行之有效………………………… 83

要有主见…………………………………………………… 86

许多事情都不在你的控制之内…………………………… 89

走出狭隘的自我…………………………………………… 92

不要因感到内疚而自责…………………………………… 95

永远只说积极的话………………………………………… 98

第二篇　经营爱情，人生幸福的必修课

包容彼此的差异，与伴侣和谐相处……………………… 102

给你的伴侣足够的空间，活出真正的自己……………… 105

和善地对待你的伴侣……………………………………… 108

全力支持你的伴侣………………………………………… 111

主动说"对不起"………………………………………… 114

多用一份心，让你的伴侣开心…………………………… 117

懂得何时倾听，何时行动………………………………… 120

对你与伴侣共同的生活充满激情………………………… 123

保持对话和交流………………………………………………………… 126

尊重伴侣的隐私………………………………………………………… 129

两人应有共同的目标…………………………………………………… 132

好好地对待你的伴侣…………………………………………………… 135

感到满足就足矣………………………………………………………… 137

不要苛求你的伴侣与你遵循相同的法则…………………………… 140

第三篇 呵护亲情，责任重于一切

若想交到朋友，你首先要成为别人的朋友………………………… 145

腾出时间关心你挚爱的人…………………………………………… 148

不要溺爱你的孩子，放手让他们做想做的事 …………………… 152

尊重并宽容你的父母………………………………………………… 155

支持并鼓励你的孩子………………………………………………… 158

别轻易借钱给别人…………………………………………………… 161

世上没有坏孩子……………………………………………………… 163

在你所爱的人面前，表现出你积极乐观的一面………………… 166

放手把责任交给孩子………………………………………………… 169

正视你与孩子之间的争论…………………………………………… 172

不要干涉你的孩子交朋友…………………………………………… 174

怎样做一个合格的孩子……………………………………………… 177

怎样做一个合格的家长……………………………………………… 180

第四篇 建立人脉，在社交中拓展自我

我们其实很相近……………………………………………………… 185

宽容无害……………………………………………………………… 188

要乐于助人…………………………………………………191

对我们共同致力的事业心怀自豪…………………………193

树立共赢的观念……………………………………………196

与积极乐观的人交朋友……………………………………199

乐于奉献你的时间，乐于与人共享信息…………………202

体验生活……………………………………………………205

保持高尚的道德……………………………………………208

第五篇　关爱社会，保护共同的家园

认识你对环境所造成的影响………………………………213

崇尚光荣，摒弃可耻………………………………………215

参与解决问题，而不是制造问题…………………………218

历史将怎样评价你…………………………………………221

时刻睁大双眼………………………………………………224

回报社会……………………………………………………226

每天增加一条新规则………………………………………229

第一篇

修炼自我，
树立积极的人生态度

　　每个人生活在这个世界上，难免会有迷茫、不知所措的时候。这时，我们就需要一些法则来指导我们的生活，告诉我们应该怎样做。接下来我们要介绍的这些法则，就是要告诉你应该怎样生活，在面对困难、挫折时你应该怎么办。

　　个人法则，或者称之为私人法则，是针对我们自身的法则，也是全书五个领域的法则中最重要的一个系列，所以我们要首先探讨。这些法则可以帮助我们从每天早上睁开眼睛开始，就拥有一份好心情。这些法则可以帮助我们减轻肩上的压力，促使我们树立正确的世界观和价值观，指导我们为自己设立一系列符合客观条件的标准，鼓励我们为自己设立适当的目标并为之努力奋斗。有了这些法则，我们就可以用更加积极和放松的心态去面对生活，面对生命中的每一天，无论什么样的艰难险阻都无法让我们倒下。

　　作为法则的遵循者，我们要正确地对待生活中出现的困难，学会让自己生活得更好，让自己时时刻刻都保持对生活的热情，相信自己能成功，相信自己能做得更好，不沉湎于未来，不沉寂于过去，踏踏实实地走好现在的每一步，努力奋斗，积极向上，活出真的自我，真的风采！

学会保持缄默

当你的生活态度发生显著改变的时候，请不要随意向别人宣传、鼓吹，或者试图去劝说别人也进行这样的转变，最好连提都不要提及。

如果你愿意，从现在开始你就可以循序渐进地进入你的新生活了，这极有可能会成为一个完全颠覆你过去生活方式的冒险之旅。在这个过程中你会发现一些方法，这些方法将会让你用更加积极的心态去面对生活，心情也会更加愉快，做事自然事半功倍。然而，你没有必要向所有人都提起这次奇妙的旅程，因为没有人喜欢自作聪明的人。这也就是我们的第一条法则"学会保持缄默"所要向你说明的。

每个人都渴望与别人分享，有时候你也会忍不住向别人诉说自己在做什么，这本无可厚非，但这样做通常并不会让你赢得别人的好感。比如，一个老资格的烟民，突然意识到吸烟对健康的危害太大，于是他决定戒烟，不仅如此，他还极力劝说别的烟民也去戒烟。他深恶痛绝地把吸烟的危害一条条地罗列出来，俨然把自己当作了教师。但是，别的烟民并没有戒烟的打算，对他的行为也非常看不惯，背地里纷纷说他好为人师、异想天开、自鸣得意等等。我们都不希望别人给自己贴上这样的标签吧，所以要学会缄默，让别人在你没有开口的情况下去寻找答案。你可能会觉得这样做不太合理，但是它所产生的效果常常会出乎你的想象。试想一下，谁又愿意去听别人谈什么大道理呢？如果你执意要去说的话，也许听众会选择逃之夭夭。

众所周知，托尔斯泰是俄罗斯乃至世界文学史上的一位大师，《战争与和平》、《安娜·卡列尼娜》等伟大的著作为他赢得了不朽的声誉，甚至有众多崇拜者终日跟随在他左右，记下他的一言一行。除了名誉以外，托尔斯泰和他的妻子还有殷实的家产、可爱的孩子，似乎他们的家庭应该时刻被幸福包围着。事实上，并不是这样，托尔斯泰的人生可以说是一个悲剧，这个悲剧就来源于他的婚姻。他的妻子追逐奢华的生活，而他却崇尚简朴；他的妻子渴望名誉和社会的赞赏，而他对这些东西却毫不在意。他和他的妻子之间充满了矛盾。他无意去改变妻子，因为他知道妻子很难改变。而他的妻子却不放过他，在多年的时间里，她常常在托尔斯泰的耳边喋喋不休，甚至是责怪叫骂，把自己的意志强加在托尔斯泰的身上。一旦托尔斯泰表现出不满，妻子就发疯狂地在地上打滚，甚至威胁要自杀。偌大的家园，托尔斯泰甚至找不到一寸可以静心的地方。终于，他忍受不了妻子没完没了的抱怨、责怪，在82岁高龄的时候，冒雪离家出走。11天之后，他病死在一个车站上。临死前，他请求人们不要让他的妻子来到他的身边，因为他再也不想听到她的声音了。托尔斯泰夫人终于为自己的唠叨、抱怨付出了代价。如果她早点学会保持缄默，她的丈夫也不至于客死异乡。

虽然，很少有人会像托尔斯泰夫人那样喋喋不休，但是在一些小事上我们还是要注意自己的行为。比如，当你的生活方式向好的方向转变的时候，愉悦的心情就会在你的脸上表现出来，身边的朋友或者同事马上就会从你的奕奕神采中捕获到某种信息，他们往往会禁不住好奇地问："你今天看起来心情不错，有什么高兴的事?"这个时候，你应该轻描淡写地回答："没什么，今天天气很好，让人心情很放松。"你没有必要把真正的原因原原本本地如实相告，其实别人也无意知道你的底细。相反，如果你口无遮拦把所有的事情都娓娓道来，对方甚至会产生反感的情绪。例如，一个行色匆匆的熟人遇到你，礼节性地问道："近来可好？"你要知道对方不过是出于礼貌打一声招呼，你也应该简短而有礼貌地回答："还不错！"即使当时你正处于绝境之中，也不能没完没了地向对方诉苦。如果你把对方当作了倾诉的对象，碍于面子，他们就不得不耐着性子来听你讲，甚至还会"被迫"给你支招。换个角度替别人想一想，你在无意中浪费了别人的时间和感情，他们只希望你也能礼节性地回应一句后就各忙各的事。如果你不明白这一点，那么无论是诉说者还是倾听者都会大失所望。也许在你谈兴正浓的时候，他们不得不找一个理由来打断你，从而让自己脱身。那么以后他们远远地看到你的时候，可能会选择像避瘟神一样躲开你。

所以，既然你已经准备好来迎接自己全新的生活方式，那么首先要做到的就是保持缄默。

不要对任何人声张，按照设定好的计划低调行事，即使生活出现了令人欣喜的变化，也不要四处宣扬、鼓吹，一副唯恐天下不知的样子。最好在别人没有认真请教的情况下，连提都不要提及。就这样默默地开始你的新生活，快乐而自信地度过生活中的每一天吧！

关 键 点 拨

1. 每个人都渴望与别人分享，有时候你也会忍不住向别人诉说自己在做什么，这本无可厚非，但这样做通常并不会让你赢得别人的好感。

2. 换个角度替别人想一想，你在无意中浪费了别人的时间和感情，他们只希望你也能礼节性地回应一句后就各忙各的事。

认可你自己

你无须做出任何改变，无须完善什么，更无须竭力争取完美。

人不能走回头路，也不可能改变任何已经发生的事情，我们所能做的就是直面现在的自己和自己所拥有的一切。很多人热情地高呼：要热爱你自己。这是一个更高的标准，对于我们来说有点苛求了。所以，我们就从认可自己开始吧。要做到这一点，你无须去改变什么，无须完善什么，更不必竭尽全力去争取完美无瑕。

一天，年轻的艾森豪威尔晚饭后心血来潮，便和家人一起玩起纸牌来。虽然这不过是一个娱乐，但是连续抓臭牌却让他感到很不舒服。母亲看出了他的不高兴，就停下来问他是怎么回事。艾森豪威尔说手气不好，希望母亲能让他重新抓牌。母亲正色说道："如果你想玩，就必须用你手中的牌玩下去，不管这手牌是好还是不好。"顿了一下，母亲继续说道："人生也是这样，发牌的人是上帝，不管牌怎么样，你都应该拿着。你所能够做的就是充分运用你的智慧，去赢得最好的结果。"母亲的话让艾森豪威尔铭记在心，从此以后他再也没有抱怨过生活。无论经历了什么，他都坦然地接受，并在此基础上去追求最好的结果。这也帮助他当选为美国第34任总统。

　　是的，即使上苍给你发了一手臭牌，包括你性格上的弱点，你情绪上的起伏等，你都应该全盘接受它。当然，这并不是让你安于现状、不思进取。相反，这是要求你首先接受自己的一切，然后在此基础上做出进一步的改善，使你不会因为某些弱点而陷入自我贬损的恶性循环中去。

　　但是有时候，上苍给你发的并不是一手臭牌，这手牌有非常大的作用，然而遗憾的是你自己却没能意识到这一点。

　　在动物园里，一只小骆驼悲哀地对母亲说："别的动物们都嘲笑我长得丑。"母亲微笑着问："它们都说你什么了？"小骆驼说："它们说我的睫毛太长。"母亲回答道："当风沙来的时候，长长的睫毛能够让我们在风暴中看到方向，而其他动物则不能。"小骆驼又说："它们说我背上的驼峰愚蠢而且丑陋。"母亲回答道："驼峰里可以储藏大量的水分和养料，使我们能够在没有水没有食物的条件下坚持几天几夜，这是我们特殊的本领。"小骆驼又说："它们还嘲笑我的脚掌，说它又厚又大，简直太笨重了。"母亲道："这样的脚掌可以使我们沉重的身体不至于陷到细沙里去，有利于我们长途跋涉。无论是睫毛、驼峰还是脚掌，实际上都是造化赋予我们的特殊工具，这些是你的骄傲，你没有理由为此感到难堪呀！"

　　是的，小骆驼之所以感到难堪，是因为它没有了解自己。那么你是否认可你自己了呢？去仔细了解自己吧，你会发现自己根本没有想象中的那么糟。

　　我们必须接受现在的自己，因为除此之外，我们别无选择。事实上，现在的自己是过去所发生的一切塑造出来的。你和其他所有人一样，是复杂的生物，在你的身上能够发现欲望、苦恼、卑鄙甚至是罪恶；在你身上有粗蛮无礼、犹豫不决；有时候你会犯错，会发脾气；有时候你会叛逆，会重复曾经犯过的错误。而正是因为有这样的复杂性，人才被称之为人。任何人都不是完美无缺的。我们只能选择接受自己，接受自己所拥有的一切，并在此基础上，通过每一天的选择来提高自己，改掉一些缺点，从而使自己更加完美。因此，我们应该时刻保持清醒的头脑，在需要选择的时候，做出正确的选择。同时，我们也应该坦然地接受时而出现的失败，因为那也是不可避免的。

很多时候，我们都会遗憾地发现，自己距离期望中的成功越来越远。出现这种情况总是让人倍感失落，但是千万不要让自己陷入懊悔的泥淖中去，振作起来，告诉自己："人非圣贤，孰能无过"，胜败乃兵家常事，大不了我们重新来过！如果你觉得做到这一点有些困难，这也可以理解，但是只要你开始用一套规则来约束自己的行为：善待自己、认可自己，而不是吹毛求疵地为难自己，那么你就会感觉到自己在不断地进步。如果你已经在不懈努力了，那么就再鼓励一下自己，让我们迈开大步，勇往直前吧！

关 键 点 拨

1. 人不能走回头路，也不可能改变任何已经发生的事情，我们所能做的就是直面现在的自己和自己所拥有的一切。

2. 去仔细了解自己吧，你会发现自己根本没有想象中的那么糟。

3. 我们必须接受现在的自己，因为除此之外，我们别无选择。

分清轻重缓急

生活中有些事情是重要的，有些事情则不然。

生活中有些事是重要的，有些事则不然。要注意区分你做的事情当中，哪些是刻不容缓的，哪些是无关紧要的；哪些是有益的，哪些是无益的；哪些是有价值的，哪些是没有价值的；哪些是真实的，哪些是虚假的。这样做的目的是让你集中精力去完成那些对你而言非常重要的事情，而不是总被一些无关紧要的事情缠住。当然，这并不是要求你立即放弃现在的生活方式，跑到非洲去消灭人间的贫困——虽然这样做非常有意义，但是我们没有必要做得这么极端。

一位培训师曾给学生们做过一个这样的实验：他先把一个装水的罐子放在桌面上，然后从桌子下面拿出一些拳头大小的石头，把这些石头一个个放进罐子，直到放不下为止。"罐子满了吗？"他问学生们。"满了！"学生们异口同声地回答。培训师笑着摇摇头，他又拿出一些小砾石，把砾石一个个塞进大石块的缝隙里。"现在，瓶子满了吗？"培训师又问道。这次学生们学乖了，他们犹豫着说："应该还没有满吧。"培训师点点头，又取出一袋沙子撒进了罐子里。"这次罐子满了吗？"培训师再次发问，学生们肯定地回答道："还没有满。""孺子可教。"培训师表扬道。接着他又拿出一瓶水，把水倒进了罐子里。做完这个实验，培

8

训师总结道："无论我们的工作多么忙，计划排得多么满，总能挤出一些空闲时间来做其他的事情，这是我要说的道理之一。"顿了顿，培训师接着说："其实，这个实验的真正用意是让我们分清事情的轻重缓急，先去做重要的事情。如果你不先把大石头放进罐子，那么你也许永远没有机会把它放进去了。因此，无论我们遇到多么复杂的情况，请先问一下自己，我们的大石块在哪里，然后先把它解决掉！"

记住，这条法则的核心是：在不影响你所选定的生活方式的基础上，尽量把精力集中到那些对你而言更为重要的事情上。你不必为此而详细规划你的一生，只要自己设定一个大概的方向，知道自己该往哪里前进，需要在哪些方面努力就可以了。生活中要时刻保持清醒的头脑，而不是整天浑浑噩噩的。简单说来，这条法则就是希望你能够"在清醒中生活"。遍布全美的都市服务公司的创始人亨利·杜赫曾经说过，人有两种能力是最可宝贵的：第一是思考的能力，第二就是分清事情的轻重缓急，并妥善地去处理它的能力。

我们每天都面对着无数错综复杂的事情，哪些是重要的，哪些是不重要的，我们不用花太多的精力就可以把它们区分开来。这样做并不是要将所有琐碎的事情都从生活中剔除出去，没有必要这样做，其实这些琐碎的事情也没有大碍，只要我们能分得清轻重缓急，不至于本末倒置就可以了。总之，无论面对什么样的情况，都要仔细想一想，哪些事是重要的，哪些事则不然，然后付诸行动，把更多的精力放在重要的事情上。

关 键 点 拨

1. 尽量把精力集中到那些对你而言更为重要的事情上。

2. 我们每天都面对着无数错综复杂的事情，哪些是重要的，哪些是不重要的，我们不用花太多的精力就可以把它们区分开来。

一生有所追求

这是一种准绳，能够衡量以下三个方面：我做得如何；我在做什么；我在朝哪个方向前进。

生活中到底哪些事情对你是重要的，哪些是不重要的？想要分清这些，你必须清楚地知道，在这一生中，你在追求着什么。这是一个非常私人的问题，对于它，无所谓正确或者错误的答案。然而，一旦你有了明确的答案，就将会对你的生活产生重要的影响。

有一位法则的信奉者，他经过认真地思考后把自己的人生目标定为：拥有高贵的灵魂。他认为除了灵魂以外，其他一切都是身外之物，人最应该做的就是使自己的灵魂变得高贵。这位法则的信奉者自从确定了自己一生的追求后，就再没有动摇过。为了实现自己的理想和追求，他开始了认真而艰苦的思索。在实践中，他不断地纠正自己的想法，最后终于得出了一个结论：要想成为拥有高贵灵魂的人，就必须过一种尽量体面、像样的生活；尽可能地避免对社会、他人造成伤害；尊重每一个进入你生活或者和你有接触的人，并且时刻保持自尊自重；适当地回馈社会。得出这个结论，让他有了一种茅塞顿开的感觉，他找到了一套处理问题的标准。这让他变得更有主见，生活也变得更为容易。

有一位朋友，童年时期家庭遭遇了一次大的变故。长大以后，对于童年的不幸，他一度无法正视。后来，经过别人的帮助和自己的挣扎，他终于战胜了那些经历所带给他的消极的影响。现在回首往事，他仍会唏嘘感叹同时心有余悸：如果不及时从以前那种状态中解脱出来，不知道自己现在将变成一个怎样忧郁消极的人。为了感谢那些给过他无私帮助的人，也为了承担自己的社会责任，他把帮助别人摆脱过去的阴影作为自己的人生目标。在这个目标的指引下，许多年来，他通过各种方式，以自身为例子去激励那些需要帮助的人们，让人们把过去的磨难视作日后获得成功的积极因素。在许多人眼里，这位朋友的行为是愚蠢的和不可理喻的，但是他却乐此不疲，并感觉实现了自己的价值，人也变得更加快乐、更有魅力了。

目标和追求是如此的奇妙，它是一种无形的力量，它像一面旗帜，不断鼓舞人心，让人精神振奋。在目标和追求的指引下，困难就会迎刃而解。如果你认定了自己的人生追求，并执着地走下去，那么获得成功就不是一种奢望。

罗杰·罗尔斯是美国纽约州历史上的第一位黑人州长。他出生在纽约臭名远扬的大沙头贫民窟，那里环境龌龊，充满了暴力，是偷渡者和流浪汉的聚居地。在这里长大的孩子，耳濡目染，从小就学会了逃学、打架、偷窃甚至是吸毒，长大以后也很少有人能从事体面的工作。罗杰·罗尔斯显然是一个例外，他不仅考上了大学，还凭借自己的努力当上了州长。那么他是如何出淤泥而不染的呢？答案是执着地追求。其实，小的时候罗尔斯也是一个令人头疼的捣蛋鬼，旷课、斗殴，和别的孩子并无二致。真正的转折点出现在他遇到了皮尔·保罗以后。皮尔·保罗是罗尔斯的小学老师，他想了很多办法把自己的学生引到正确的轨道上来，但都没有奏效。后来，他发现这些天不怕地不怕的孩子居然很迷信，于是他的课堂上就多了一项内容——给孩子们看手相，用这种方式来激励孩子。当罗尔斯伸出自己的手的时候，皮尔·保罗说："我一看到你修长的小拇指，就知道你将来一定是纽约州的州长。"这句话让罗尔斯大吃一惊，他从没想过自己会有那么辉煌的前景。他记下了这句话，并且相信了它。从此以后，"纽约州州长"成了一面旗帜，他时刻以州长的标准来要求自己，经过 40 多年的努力，终于在 51 岁那年成了州长。

是的，如果你不知道一个人生追求的力量有多大，那么罗尔斯会告诉你：它足以改变一个人的命运。

我们都需要有所追求，都需要一个人生目标，这会让我们的生活变得更积极、更有意义。这个目标不必轰轰烈烈，也不必四处炫耀，只要我们能够在心底默默地坚持就可以了。这是一条准绳，能够衡量以下三个方面：我做得如何；我在做什么；我在朝哪个方向前进。你无须去探究其中的某个细节，只要让自己的内心存在一种使命感就足够了。比如，迪士尼的使命是"让人们感到快乐"，那么你的使命是什么呢？

关 键 点 拨

1. 目标和追求是如此的奇妙，它是一种无形的力量，它像一面旗帜，不断鼓舞人心，让人精神振奋。

2. 一个人生追求的力量是足以改变一个人的命运。

3. 我们都需要有所追求，都需要一个人生目标，这会让我们的生活变得更积极、更有意义。

培养对世界万事的兴趣

培养对世界万事的兴趣主要是为了帮助你发展自身，而不是为世界创造什么益处。

这条法则是针对你个人提出的，培养对世界万事的兴趣并不是为了去给世界创造多大的贡献，而是为了帮助你自己更好地发展。这也是为什么这个法则放在这里，而不是放在本书的最后一部分"生活法则之世界篇"中的原因。

遵循成功法则的人士不会将自己局限在狭小的生活圈子之内，不会让生活中的细枝末节束缚住手脚。他们乐于了解时事，感受时代的脉搏。这些人非常关心、也积极参与这个世界的运作，从不会有"两耳不闻窗外事"的观念。看看吧，我们身边那些最具激情、最有意思、最会激励他人的人，通常都对外面的世界充满了兴趣。你也应该这样，去了解时事、时尚、电影、音乐、科学、食物、交通、电视等等，让了解世界成为自己的使命。成功人士对世界万物都有着浓厚的兴趣，乐于与别人在任何领域进行谈论，发表自己的见解。世界上每天都会发生很多新鲜的事情，有的就出现在你的社区里，有的则可能发生在世界的另一端。你没有时间也没有必要对所有新事物都进行细致的研究，但是你应该对各项变化、各种新生现象以及正在发生的事情有一个粗略的、概括性的把握。

这样做有什么好处呢？至少它可以让你变成一个有趣的人，让你充满青春的活力，永远跟得上时代的步伐。相反，如果你对什么都没有兴趣，那么你就不可避免会遇到许多麻烦。有一位老太太去邮局领取养老金，但是她并没有顺利地领到钱。她一边往外走，一边嘟囔着："身份证号码，要身份证号码，我这么大年纪了，还要身份证号码干什么？"她当然需要身份证号码，没有这个她就领不到养老金。如果她能稍微了解一下自己，了解一下政策，就不至于遇到这个小麻烦。当然，原因并不是这么简单，如果我们陷入"我以前从没有这样做过，现在也没有必要这样做"的思维定式中去，我们必将被时代所淘汰。

可是要摆脱已经成型的思维方式可不是那么容易的，必须要有勇气和决心，因为告别习惯是很痛苦的事情。

老鹰的寿命很长，可以活70年，是世界上最长寿的鸟类。可是，你哪里知道老鹰要想活到70岁，必须在40岁时做一次告别过去的痛苦的努力。因为，40岁时的老鹰，爪子开始老化，已经不能很灵活地抓住猎物；它的喙变得又长又弯，几乎碰到胸膛；它的翅膀变得十分沉重，使得飞翔十分吃力。对于老鹰来说，40岁简直是一道"坎"，要么勇敢地跃过去，要么等死。但要越过这道坎，绝不是什么轻松的事情，那是一个漫长的、痛苦的再生过程：它必须努力地飞到山顶，在悬崖上筑巢，然后先用喙击打岩石，直到完全脱落；静静地等候新的喙长出来，再用新长出的喙把指甲一根一根地拔出来；等新的指甲长出来后，再用新指甲把羽毛一根根地拔掉。完成整个过程要花费150天的时间。直到新的羽毛长出来，老鹰才能开始飞翔。通过这次更新，老鹰能再活30年。

如果人能像老鹰一样那么有勇气摒弃旧的思维习惯，就能跳出僵化思维的陷阱，等于重获新生了。

我们都知道思想僵化的害处，那不仅会让我们停滞不前，还会让我们整个人都变得平庸。也就是说，如果我们缺少思想的交流，不愿意去了解各种各样的事物，久而久之我们的思想就会失去灵活性，对于新事物不再具有敏感度。这对于任何人来说都不是一件好的事情。

许多人整年像奴隶一样工作，他们不给自己一点时间去了解工作以外的事情，他们认为那是一种奢侈的行为。他们常年不会去看一场戏剧或者听一场音乐会，对于这个世界正在发生的事情不闻不问，认为这和他们没有关系。他们把自己所有的精力和时间都用在了工作上，他们认为这会让他们更容易获得成功。时间一年一年地过去，年轻时的激情很快就消磨殆尽，整个人变得麻木不仁。试想，这样的人又怎能获得成功呢？培养对万事万物的兴趣，有助于活跃我们的思想，使我们避免成为一个思想僵化的人。

有些事情和你的生活相距太远，你没有去了解的必要。但是，如果你没有其他更为紧迫的事情，静下心来去听一听，去想一想，这有助于开阔你的视野。不久前，一位法则的遵循者向我们讲述了这样一个故事：

一天，我听收音机的时候，正碰上了美国监狱署总长在接受采访，大谈刑法改革的利弊。这个问题和我一点关系都没有，我也没有亲戚或者朋友犯事进了美国的监狱。你也许认为，我没有必要去了解美国监狱的情况，就好像上文提到的老太太觉得自己不必知道身份证号码一样。实际上，我认真听完了整段采访，我也为自己能够了解这类事情而感到兴奋，这对于我来说并不是一件坏事。

这位法则遵循者为能了解一件与自己毫无关系的事情而感到兴奋，那么你呢，是否也会对这样的事情感兴趣？

关 键 点 拨

1.成功人士对世界万物都有着浓厚的兴趣，乐于与别人在任何领域进行谈论，发表自己的见解。

2.你应该对各项变化、各种新生现象以及正在发生的事情有一个粗略的、概括性的把握。

3.培养对万事万物的兴趣，有助于活跃我们的思想，使我们避免成为一个思想僵化的人。

人生不可能一帆风顺

这就是生活，生活也本该如此——有奋斗的时刻，也有歇足的时候。

生活中不可避免地会遭遇困难和挫折，你不应该对此满腹牢骚，相反，你应该感谢这些艰辛的存在。如果人生总是一帆风顺的，我们将不会经历任何考验。我们会因此而无法成长，无法学到新的知识，无法改变自己，也没有机会去超越自己。如果总是阳光明媚的天气，你一定会感到厌倦。狂风骤雨也是生活的一部分，毕竟彩虹总是在雨后出现。如果你没有在生活的大熔炉里锤炼，就永远不会坚强起来。

俗话说：只有死去的鱼儿才会顺流而行。对于我们来说，逆流而上是唯一的选择，即使在途中会遇到激流、险滩、拦河大坝甚至是凶险的瀑布，我们也要抖擞精神与之进行不懈的斗争。每一次的搏斗、每一次的抗争、每一次从险境中脱身都是一次历练，我们会因此变得更加坚强、更加快乐。相反，如果你不习惯这样的生活，不愿意逆流而上，那么等待你的将是无情的淘汰。为了证明这一点，我们不妨来看一个例子：

约翰·库迪斯从一出生就注定了他的命运多舛：他腿部畸形，心肺也不正常，医生甚至断言他活不过两个月。但是在亲人的帮助下，他活了下来。所有的亲戚都认为他将依靠父母度过一生，但是倔强的父亲却认为约翰应该和别的孩子一样有质量地生活，而这一切只有靠小约翰自己去争取。上学的年龄到了，父亲力排众议，把约翰送到了普通的学校而不是残障学校。约翰遇到了生命中一次重大的考验，他不得不去面对同学们的嘲笑，还有生活上不可避免的困难。他做每一件事情都要付出比别人多几倍的工夫。然而在父亲的鼓励下，他逐渐适应了残酷的生活。从小学、中学到大学，他一直是品学兼优的学生。毕业后，他像其他同学一样去找工作，所不同的是他需要趴在滑板上行走。凭借坚忍不拔的毅力，约翰终于找到了工作。后来他成了一个著名的演讲师。就算是以正常人的标准来衡量，他都算是一个成功者。

可以想象，在这个漫长的人生途中，约翰一旦坚持不住停下来，他的生活也许会像人们所预料的那样——在亲人的庇护下生存。但是他没有，他一直逆流而上，证明了自己是一个不折不扣的强者。

如果你的生活变得安逸，无须再去抗争，那么这对于你来说未必是一件好事。数据显示，退休后的男人中，相当一部分在相对较短的时间内离世。他们被冲出了主流的航道，无法再逆流而上，所以他们的寿命缩短了。这实在是一件非常遗憾的事情。所以，我们不要轻易让自己的脚步停下来。

虽然大多数时候，人们鼓吹要量力而行。但是在我看来，有时候适当增加一些负担却是一件好事。即使会遭遇一些挫折，那也是自我完善的机会。

学校里来了一位新的音乐教授，据说是一位颇负盛名的大师，同学们都期待着能得到他的指点。第一次上课，这位新老师给同学们发了一张乐谱，简单地说："弹弹看吧！"同学们看着乐谱，不禁倒吸一口凉气——难度似乎已经超过了他们现在的水平。果然，同学们弹得生涩僵滞，错误百出。"还不熟练，课后多加练习。"下课后，教授这样嘱咐学生。学生们努力练习了一周。第二周上课的时候正准备接受教授的验收，没想到教授又发给他们一份难度更高的乐谱，还是简单地一句："多加练习。"就这样，第三周、第四周……每堂课他们都会得到一份更高难度的乐谱。

整整三个月，学生们每天都挣扎着向更高的技巧挑战，这让他们身心疲惫，觉得自己怎么也赶不上进度，于是沮丧和挫折感在班级里蔓延开来。终于，学生们再也忍不住了，他们开始质疑教授的教学，认为这简直就是折磨人。教授没有开口，而是抽出最早的那份乐谱交给学生们，让他们弹奏。结果不可思议的事情发生了，学生们的演奏非常完美，就连学生们自己都感到惊讶。接着是第二堂课的乐谱，学生们依然表现出了高水准……表演结束了，学生们怔怔地望着教授。教授微笑着说："现在你们明白我的用意了吧，多给自己加一些压力，会让你们变得更加完美；相反，如果只考虑让自己过得舒服，那么你们的进步将十分缓慢。"

是的，适当地给自己增加一些压力和负担，你会前进得更快。当然，如果你每时每刻都保持紧张的状态，甚至是持续不断地与天斗、与地斗、与人斗，那么你很快就会感觉到疲惫。所以，暂时的休息也是必要的，给自己一个喘息的机会，尽情地享受轻松的时光，直到下一个障碍横亘在我们前进的道路上。生活就是这样，有轻松的时刻，也有紧张奋斗的时刻，无论是哪一种情况，都不会也不应持续太久。那么现在的你正面临什么样的情况呢？是正遭遇狂风暴雨的侵袭，还是已经雨过天晴？是正在奋力拼搏，还是已经打算放弃？是在刻苦地学习为未来积蓄能量，还是正在享受片刻的轻闲？

关 键 点 拨

1. 如果你没有在生活的大熔炉里锤炼，就永远不会坚强起来。

2. 如果你的生活变得安逸，无须再去抗争，那么这对于你来说未必是一件好事。

控制自己的情绪

大声对自己说："争论永远是于事无补的。"

　　泰普勒先生是这条法则忠实的遵循者，我们不妨让他来带领我们认识这条法则。对于一个从小在嘈杂环境中长大的人来说，泰普勒先生要遵循这个法则实在是有些难度。在泰普勒自小长大的家庭里，扯着嗓子大喊大叫几乎成了一种生活方式，也只有通过这种方式才能引起别人的注意，让别人听清你的讲话。在这样的环境中生活，无时无刻不遭受噪音的困扰。这对于许多人来说，都是一件令人发疯的事情。事实上，这也是造成泰普勒脾气火爆的根本原因。

　　遗憾的是，泰普勒的儿子也继承了父亲的大嗓门，他总是大喊大叫，经常因为一些鸡毛蒜皮的小事就和别人争论得脸红脖子粗。作为父亲，泰普勒常常受到儿子的诱惑，生出跟儿子一起扯着嗓门吼叫的欲望。但幸运的是，泰普勒是这条法则的信奉者，他时时刻刻提醒自己要控制情绪。所以大多数情况下，他能够压制住自己的情绪，避免许多不愉快的发生。其实，大喊大叫无论发生在什么时间、什么地方都不是一件好事，因为这意味着我们理亏了或者我们失去了自控。

　　一位牧师的儿子在看过父亲的布道词之后，在页面边缘的空白处写下了一句话："大声对自己说：'争论永远是于事无补的。'"这句话恰到好处地点出了这条法则所要表达的意思。其实，争论不仅于事无补，甚至会让事情朝着更坏的方向发展。

爱尔兰人亚哈亚对此深有同感。亚哈亚曾当过司机，后来成了一名载重汽车销售员。他对汽车相当了解，可以解答顾客提出的任何关于汽车的问题。然而在很长一段时间里，他的销售业绩是令人难堪的"零"。为什么会这样呢？要知道，载重汽车并不是那种难以推销的产品，很多销售员的业绩都不错。原来，亚哈亚总是与顾客争论并冒犯他们，一旦买主对他出售的汽车说出任何贬损的话，他都会愤怒地截住那人的话头，然后是没完没了的驳斥，直到买主忍无可忍甩袖而去为止。不可否认，和顾客争论，亚哈亚是常胜将军，然而可怜的业绩却让他高兴不起来。为了改变这种情况，他不得不去求助培训师。培训师了解了他的情况之后，并没有教他推销的技巧，而是着重训练他管住自己的舌头，避免和别人争论。亚哈亚按照培训师的要求做事，结果这位曾经不合格的销售员一跃成为纽约汽车公司的销售明星了。

试想，如果亚哈亚还是管不住自己与别人争论的欲望，他也许只能去街头乞讨了。所以，要想成为一个在生活上成功的人，我们应时刻提醒自己：控制情绪，避免与别人争论。

避免与别人争论，这说起来简单，但即使是忠实的法则遵循者也不免会犯错。泰普勒先生就曾在很多场合无法自控地提高过嗓门。比如，有一次，他在一家很有名的电器连锁店里买了一个质量有问题的录像机，在退货的时候和一个店员发生了争执。他愤怒地吼叫着，以至于店里所有的人都为之侧目，可怜的店员满腹委屈，却只能忍气吞声。最终，泰普勒的要求得到了满足，但是他并没有因此而感到高兴。从此以后，他羞于踏进那家电器连锁店，而且每次想起那件事情都感到一阵阵的愧疚。

如果你也像泰普勒先生一样，天生一副急性子，那么怎样使自己避免犯错呢？根据泰普勒的经验，当发现情况不对的时候，为避免局面进一步地恶化，你最好采取退避三舍的做法。这确实不太容易做到，尤其是在你理直气壮的时候。但是你要知道，解决问题的方法有很多种，

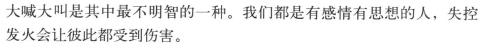

大喊大叫是其中最不明智的一种。我们都是有感情有思想的人，失控发火会让彼此都受到伤害。

还有的时候是别人先动怒，但是即便是这样，你也不应发火。通常在两种情况下人们的情绪会出现失控：一种情况是，当对方做错了事情却不肯承认或者道歉时。比如，你的车轧到了别人的脚，而你却不愿向别人道歉或者承认错误。别人冲你发火也是情有可原、可以理解的。另一种情况是，人们发火是为了控制局面或者达到某种目的，我们不妨把这种情况称之为情感欺诈。这时，你完全可以把对方当作是一个小丑，不去理会他，或者做出果断的举动，以防止事态恶化，但是千万不要发怒。

当然，在很多场合，提高嗓门看起来是很正当的。比如，当你着急处理工作的时候，电脑系统却又一次崩溃了，而且修理部门无法尽快修好；你的孩子把房间弄得乱七八糟，却不肯去清理和打扫；一些街头小混混三番五次和你作对，在你家的墙上乱涂乱画；当你气喘吁吁地跑到柜台前时，服务员却将"停止营业"的牌子高高挂起；事情紧急，而别人却故意装疯卖傻，并曲解你的意思等等。当遇到上述这些情况的时候，确实不由得让人愤怒，但是如果你能把这条法则简单地归纳为"我永不失态发火"，那么它就会变成一个容易遵循的法则。这样，无论遇到什么样的事情，你都能方寸不乱、镇定自若。

关　键　点　拨

1. 大喊大叫无论发生在什么时间、什么地方都不是一件好事，因为这意味着我们理亏了或者我们失去了自控。

2. 当发现情况不对的时候，为避免局面进一步地恶化，你最好采取退避三舍的做法。

3. 但是你要知道，解决问题的方法有很多种，大喊大叫是其中最不明智的一种。

相信自己能够成功

世界上的人大体可以分为两类：一类人带着羡慕或嫉妒的目光看待业已取得成就的人；另一类人则将这些取得成就的人看成促进他们自身成功的动力因素。

后悔，谁都有过后悔。看到"后悔"两个字，你可能会撇撇嘴，一脸的不屑，甚至会说：后悔是世界上最没用的事情，因为无论你怎样努力，都不可能挽回已经流失的牛奶。你的这种态度并没有错。但是你有没有想过，如果你将后悔当作是你前进道路上的动力，那么后悔就会派上大用场。

在面临以下三种情况的时候，人们通常会说"真后悔我当初没有那样做"。第一种情况是，当你没有充分利用条件去完成某事，或者错过某事的时候；第二种情况是，当别人做了一件非常了不起的事情，而你也希望自己是他的时候；第三种情况专指这样一些人，他们无所事事，但是嘴边却挂着这样的口头禅："如果给我机会，如果我也那么幸运的话，我也可以成为一个强人。"对于第三种人，我们不得不对他们泼冷水：即使幸运女神与他们有零距离的接触，他们仍然会让机会从自己的身边溜走。

以如何看待别人所取得的成就为标准，可以将人分为两类：第一类人带着羡慕或者妒忌的眼神看着那些成功者；另一类人则把这些取得成就的人看作是促进他们自身奋发图强的动力因素。通常，后一类人比前一类人更容易成功，你想不想成为这一类人呢？那么，如果你发现自己常说我真应该那样做、那样想，真应该结识某人、发现某事等诸如此类的话，你就应该在这些话的后面加上一句：我能够做到这些事。

　　作家瑟尔玛·汤姆森女士在二战时曾随丈夫住在驻防在加州沙漠的陆军基地。要知道，沙漠可不是一个度假的好地方，这里的温度高达华氏125度，风沙很大。一天下来人的嘴里、鼻子里、耳朵里全是沙！更可怕的是，丈夫经常出去演习，汤姆森甚至找不到一个可以说话的人。没过多久，汤姆森就厌倦了这种生活。她打电话给亲人，说自己宁愿去坐牢也不愿待在这个鬼地方。父母没有说什么大道理，而是反问汤姆森：为什么当地人、军人们可以在露天的环境中工作和训练，而你为什么连在屋子里都待不住？这句话激起了汤姆森的斗志，她可不希望自己被人看扁，既然别人可以做到，自己也可以成功。于是，她开始和当地人交朋友，开始研究沙漠中各种各样的仙人掌以及其他的植物，欣赏沙漠的黄昏，找寻200万年前的贝壳化石。汤姆森成功地融入了当地的生活，她甚至爱上了这种生活。后来，她还为此写了一本书，这本书就要告诉人们：相信自己，只要别人能够做到的，你也一定能做到。

　　很多时候，我们想做的事因为种种原因而错过了，但是我们仍然有机会在现在或者未来补上这个遗憾，虽然情况可能不会和当初一样。举个例子来说，你本打算在上大学之前抽出一点时间到埃及去旅游一番，但是很遗憾没能成行。而现在的自己已经大学毕业参加工作了，时间不能倒流，但遗憾却可以弥补。你可以申请一个长休假，带上家人一起到埃及去；也可以给自己制定一个计划，列出你人生中一些"必须要做的事"，把"去埃及旅游"放在计划之首，到你退休的时候再去一偿夙愿。还有很多人对自己没能接受大学教育而感到遗憾，甚至认为这是自己的一个缺陷。实际上只要你有心，甚至可以比上过大学的人做得更好。曾连任四届纽约州州长的阿尔·史密斯就是这样的人，他童年的生活非常贫困，父亲早逝，母亲只能以为别人做零活维持一家人的生计，他当然也没有上学的机会。有一次，史密斯参加教会的戏剧表演时，觉得表演很有意思，于是就开始有意识地训练自己的公众演说能力。后来，他因为出色的演说能力进入政界，30 岁的时候成为州议员。但是这个时候，他甚至不知道一个州议员应该做些什么，于是开始研究冗长复杂的法案；他被选为森林委员会的一员，于是他又开始了解森林；他又被选为银行委员，然而他甚至连自己的户头都没有，他感到压力非常大，于是他每天花 16 个小时的时间去学习知识。经过不懈的努力，史密斯成了纽约市的活字典，他甚至获得了包括哈佛大学、哥伦比亚大学在内的 6 所著名大学的荣誉学位。是的，阿尔·史密斯虽然没有正式上过大学，但是哪一个大学生敢和他比试学识呢？

　　当然，不可否认有一些事情已经不再有弥补的机会。例如，你 14 岁的时候放弃了训练，从而错失了获得奥运会冠军的机会，而你现在已年过不惑。这种情况下，你就应该把遗憾放在一边，不要再去想它，因为它已经无可挽回，再怎么后悔也于事无补。我们应该专注于自己现在还能够做到的事情，不再给未来留下遗憾。想一想自己可能会在 60 岁的时候后悔当初怎么没有去学潜水，因此，我们现在应该去报一个学习潜水的课程。

关 键 点 拨

1. 如果你将后悔当作是你前进道路上的动力，那么后悔就会派上大用场。

2. 我们应该专注于自己现在还能够做到的事情，不再给未来留下遗憾。

改变你力所能及的，放开你无法改变的

将精力集中在那些依靠你的个人力量能够改变的事物或领域中。

人的一生是非常短暂的，这是无法逃避的现实。因此，生命中的一分一秒都尤为珍贵，容不得丝毫的浪费。许多成功人士都明白一寸光阴一寸金的道理，所以从不虚掷光阴，尽可能把生命的能量发挥到极致，而这也是他们取得成功的奥秘所在。这些成功人士通常会遵循这样一条简单的生活法则，即:改变你力所能及的，放开你无法改变的。在生活中，他们只去关注自己能够掌控的事物，而毫不犹豫地放弃了那些无法改变的事物。这是他们懂得利用时间的一种表现。

当有一个朋友来向你求助的时候，如果在你力所能及的范围内，你应该向他伸出援手。但是，如果全世界都来向你请求援助，那么你所能做到的无疑是杯水车薪，几乎起不到一丝一毫的作用。如果你为此而惭愧自己的能力有限，就只会白白让时间溜走。当然，我的意思并不是让你从此以后就对别人的困难袖手旁观，而是说你要知道自己的能力有多大。在自己能够发挥作用的领域内，尽量去使事情出现转机;

而在另一些你注定无能为力的领域，还是放开的好。

有很多事情是你以一己之力所无法完成的，如果你执意在这上面用尽全力，那么时间就会呼啸而过，使你措手不及。相反，如果你能将精力集中在靠你的个人力量能够改变的事物或领域中，那么你的生活将变得丰富多彩，你也会收获更多的满足感。只要你留心，就会发现这样一个有趣的现象：越是那些经历丰富的人，他们的时间越充足。

当然，如果我们能够团结更多的人，就可以在更多、更大的领域内取得突破。但是我们这里所讲的法则是针对你个人的，是帮助你个人树立生活和行为规范的。因此，我们所要讨论的是你个人所能改变的事物。如果你能得到主席或者总统的青睐，你或许会有机会去制定影响全国人民的规章制度；如果你和一位将军颇有交情，你也许可以凭借一己的力量把一场战争消于无形；如果你和一位编辑交往甚密，你就有机会在出版界留名；如果你和餐厅的一位领班是好朋友，你就可以轻松预定到一个雅座。

但是，你到底和什么样的人有非同寻常的关系呢？你能通过这种关系，把自己的影响力扩散到多大的范围之内呢？通常情况下，我们并不会像上文所说的那么幸运，我们唯一能够改变的人只有我们自己，我们唯一能够改变的事物实际上也只有我们自己。或许是被傲慢蒙蔽了眼睛，很多人不明白这个道理，他们把毕生精力都用于改变外物，到头来才发现自己犯了一个多么愚蠢的错误。

一位葬于西敏寺的英国主教的墓碑上这样写着：我年轻的时候，意气风发，踌躇满志，梦想着有朝一日能改变全世界。随着年龄的增长和阅历的增多，我不得不承认自己永远都不可能有改变世界的力量。于是我降低了目标，决定去改变我的国家。然而，事实证明，我的这个目标还是太大了。知天命之年以后，我不得不放弃了从前的雄心壮志，把所有的精力都用来改变我的家人，我想用自己的思想来影响他们，我认为这对于他们很有帮助。但是即使是这个微不足道的目标我都没能实现，家人们完全不接受我的改变，他们还是维持原样。等到我垂垂老矣，我终于明白了一件事情——我所能改变的只有我自己，用以身作则的方式去影响家人。家人如果以我为榜样，也许他们会影响到更多的人，继而改变我们的国家，再甚至整个世界都会因我而改变。我为自己从前的错误感到遗憾，我应该做的其实是改变我自己，那才是我所能做到的。

是的，这位主教是正确的，我们所能改变的只有我们自己。你不必为此感到悲哀，尝试从另一个角度看，也会有积极的发现。我们何不趁此机会来完善自身呢？我们可以从现在开始来完善自己，然后慢慢向外延伸。这样一来，我们就无须在那些不听劝告的人身上浪费时间，也不会将时间浪费在那些我们无法掌控的事情上。把所有的时间和精力都用在改变我们自身上，一定会有一个令人满意的结果。

关键点拨

1.关注自己能够掌控的事物，而毫不犹豫地放弃了那些无法改变的事物。

2.有很多事情是你以一己之力所无法完成的，如果你执意在这上面用尽全力，那么时间就会呼啸而过。

要敢于梦想

计划应当是现实的，而梦想则不必。

这条法则看起来很简单，实施起来也很容易，似乎谁都可以轻而易举地做到。然而事实上，生活中有很多人不敢去梦想。不管怎么说，梦想是我们自己的，与别人完全没有关系，为什么我们要给自己设限呢？计划应该是现实的，而梦想则不必。

梦想对一个人的重要性是不言而喻的，它给我们前进的动力，有梦想的人更容易获得成功。

齐瓦勃是美国一个平凡的农民的孩子。由于家境贫寒，他只接受了一段为期很短的学校教育，15岁的时候他成了一个毫不起眼的马夫。但是，齐瓦勃不是一个甘于平庸的人，他梦想着能成为一家大公司的老总，并时刻为自己的梦想积聚力量。后来，他来到钢铁大王卡内基的一处建筑工地打工，这份工作十分辛苦而且薪水也比较低，同事们都怨声载道，工作也是出工不出力。但是齐瓦勃没有抱怨，他默默地积累着工作经验，并开始自学建筑知识。他的努力很快得到了回报，当同来的伙伴仍然不断抱怨的时候，他已被提拔为技师。别人纷纷嘲笑他是为主子卖命的奴才，他不以为意，因为他知道自己是在为梦想而努力。抱着这样的信念，齐瓦勃一步步走到了总工程师的位置。25

岁的时候他成为这家建筑公司的总经理。几年以后，他又被卡内基任命为钢铁公司的董事长。他并没有在这个舒适的位置上停留太久，他从没有忘记过自己的梦想。数年以后，他组建了自己的大型公司——伯利恒钢铁公司，梦想最终引领他成就了一番伟大的事业。

　　我曾接触过很多赌徒，耳闻目睹，我对这些人的心理颇有些了解。刚开始的时候，他们常常会这样想：我只要输了50块钱就不玩了。他们通常不会去想自己会赢多少。但是，当他们输完50块钱后，为了能够把输掉的钱赢回来，他们又开始不断地押上更多的筹码。一心只想翻身，通常会输掉更多的钱。这些赌徒一直都不明白这样的道理：他们之所以不能赢是因为他们不懂得在输钱的时候及时刹车，也没有将自己赢钱的希望订得更高。当然赌博是一件非常糟糕的事情，人们最好谁都不要去关注它，我当然也没有提倡它的意思。举这个例子想说明的是：人们通常不敢梦想，就跟那些赌徒不敢想象他们会一赢再赢、不敢提高自己赢钱的期望值是一样的道理。

　　梦想有时候很疯狂、很愚蠢、很奇异，也许在别人眼里这些梦想永远都不可能实现。但是只要你坚持自己的梦想，并为之付出努力，奇迹就有可能发生。罗伯特·舒乐博士的例子或许可以给我们一些启示：

　　罗伯特·舒乐博士一直有一个梦想，就是在加州用玻璃建造一座水晶大教堂。为此他曾向著名的设计师菲利普·强生咨询工程预算，他得到的答案是700万美元。清贫的舒乐博士几乎身无分文，700万美元对于他来说无异于天文数字。但是，他没有被眼前的困难所吓倒，经过认真的思考，他决定向富人们募捐。"700万美元"，舒乐博士在一张白纸的顶端写道，接着他又在后面写了几行字：寻找1笔700万美元的捐款；寻找7笔100万美元的捐款；寻找70笔10万美元的捐款……卖掉1万扇窗，每扇700美元。两个月后，舒乐博士用美妙的水晶大教堂模型打动了一位富商，募得了100万美元；三个月后，又有一位富商被舒乐博士的精神所打动，捐出了100万美元；一年以后，舒乐博士的水晶大教堂动工了。1980年，水晶大教堂竣工，它的最终造价是2000万美元！

　　你可能会说，像舒乐博士那么幸运的人能有几个呢？是的，也许我们的梦想永远都不能实现，但是这有什么关系呢？梦想永远都不会是一件坏事，只要你愿意，拥有什么样的梦想都不是一个错误。梦想是非常私人化的东西，你可以梦想拥有任何东西或者做成任何事情。没有警察会来管制你的梦想，也没有人会因为你不切实际的奇思妙想而说三道四甚至大动干戈。梦想是你自己的事情，谁也没有权利涉足其中。更何况，你在梦想什么只有你自己才知道。但是看了舒乐博士的例子以后，你必须注意一点：一定要对自己的梦想有所选择和鉴别，因为很多梦想可能终究会变成现实，我们应该提前做好心理准备。

　　很多人认为梦想是现实的，他们觉得只有现实的梦想才值得去想。然而，他们所谓的梦想只不过是计划罢了。事实上，梦想和计划是两个不同的概念。计划是非常实际的，我们可以一步一步地、极富逻辑地去实现它；而梦想可以是非常缥缈的，看起来很难得到实现。但是你千万不要以为梦想真的永远都不可能实现，如果是那样，"敢与梦想"无异于"白日做梦"，而我们的这条法则就没有了提倡的必要。事实上，那些极其成功的人中，相当一部分都是敢于梦想的人，出现这种情况绝不是一种偶然，梦想和成功之间存在着一种微妙的联系。

关 键 点 拨

1. 只要你坚持自己的梦想，并为之付出努力，奇迹就有可能发生。

2. 一定要对自己的梦想有所选择和鉴别，因为很多梦想可能终究会变成现实，我们应该提前做好心理准备。

3. 梦想和成功之间存在着一种微妙的联系。

莫活在未来

梦想固然美好，但现实也很不错。

活在过去我们会失去现在,活在未来同样会这样。很多人都这样想：未来的我会很富有、事业成功、极富绅士风度、笑口常开；未来的我会受到很多人的尊重和爱戴，会有一个知心爱人，会有一份非常体面的工作；未来的我一定不会遇到现在所必须面对的困难，相反会有很多忠诚的朋友，会享受尊贵的生活。这些想法可能是计划，也可能是梦想。前面提到过我们需要梦想，但是沉浸在梦想中不能自拔就不对了。在这里，我有必要重申一下：我们应活在此地此刻。

著名的医学家威廉·奥斯勒爵士在 1871 年曾说过这样一句话：我们所要做的不是去观望遥远的未来，而是要明明白白地去做手边之事。在谈到自己成功的秘诀时，奥斯勒爵士讲了这样一个小故事：

一次，我乘一艘巨轮横渡大西洋，巨轮在行驶过程中遇到了罕见的风浪。我看见船长在舵室里按下了一个按钮，轮船发出了一阵机械运转的声音，接着船的几个部分彼此隔绝开来，分成了几个完全封闭放水的隔水舱。我突然意识到，在生活的层面上，如果我们能用铁门把过去隔断，然后再把未来隔断，只活在今天，那么我们也就安全和保险了。切断过去，切断那些把傻子引上死亡之途的昨天；切断未来，切断给我们带来精力浪费、精神苦闷的明天。把握好今天，活在只有今天的"密封舱"里，我们就会减少许多忧虑，节省许多时间，为未来的成功打下坚实的基础。

现在也许是你过去所一直期待的时刻，我们不能在现在又去幻想未来能够得到的东西。诚然，渴求和梦想是一件非常美妙的事情，但是我们不能因此而浪费现在的时光。你应该充分享受现在的光阴并对所拥有的时刻心存感激，享受你的活力所带给你的所有梦想！

当然，活在此刻，并不是让你抛弃所有的责任和牵挂；活在此刻，并不意味着你立即就可以迎风起航，踏上寻找快乐的路途；活在此刻，并不是说你可以整天躺在草地上惬意地晒太阳。这些都是对"活在此刻"的误解。活在此刻，是让你学会感恩，有计划、有目标地度过每一天，把你所能支配的每一分钟都发挥到极致。要知道，为明日做好准备的最好方法就是集中你所有的智慧、精力和热诚，把今天的工作做得尽善尽美，这才是我们赢得美好未来的唯一途径。

我们没有办法把所有美好的希望一股脑地都塞进未来时空中，诸如你希望自己的体重再下降一点、有更好的车子、换一个更大更豪华的房子、更年轻一点、头发更浓密一点、挣更多的钱、爱得更投入一点、身体更健康一点、孩子更聪明一点等等。你常常会这样感叹：生活的一切都变得更好一点，更让人顺心一点该多好啊！但是，遗憾的是，事情并不会因为你的希望而有所改变。就算是你所希望的一切真的都实现了，你也不一定会感到满足，你可能会生出更多的希望，期待事情变得更好。永远无法满足的欲望，让你把本应得到的快乐无限期地推延下去。因此，忘掉那些无休无止的渴求吧！去珍惜和感谢我们现在所拥有的一切，在享受现在的同时，继续计划和梦想，为美好的未来而筹划。这样做，我们会更容易得到快乐。

同样，我们也没有必要为一些还未发生的事情而提心吊胆。是的，我们应该想办法使未来变得更好，但是如果我们在所担心的事情发生之前先倒下来，无疑是一种愚蠢的行为。更何况你所担心的事情十有八九不会发生。曾任《纽约时报》发行人的阿瑟·苏兹伯格对此深有感触。

当第二次世界大战的战火烧遍欧洲的时候，苏兹伯格感到非常吃惊，对未来充满了担忧。他害怕希特勒的军队会占领美国，他害怕未来的生活会颠沛流离，他甚至为此而患上了失眠症，常常半夜爬起来，拿起画笔神经质地画自画像。如果这种情况一直延续下去，苏兹伯格很有可能会疯掉，不过幸运的是，他最终战胜了这个可笑的恐惧症。原来是教堂里的一首赞美诗帮助他消除了忧虑，这首诗是这样写的："带引我，仁慈的灯光，让你常在我脚旁，我并不想看到远方的风景，只要一步就好了。"

"只要一步就好了"，我们真该把这句话当作自己的座右铭，不要为遥远的未来而浪费时间，甚至是担忧，只看眼前一步就好了。

生活中，谁都不会对自己的一切都感到完全满意，渴望自己在某些方面变得更好也是人之常情。但是，我们在怀有这些期望的时候，同样要十分珍惜现在的自己。我们不必为不可控制的未来而担忧，要来的终究要来，我们现在所要做的就是走好眼前的一步。我们已经反复说过许多次了，只有现在是真实存在的，是可以感知的，也是我们可以享受的。梦想固然美好，但现实也很不错。

关　键　点　拨

1. 现在也许是你过去所一直期待的时刻，我们不能在现在又去幻想未来能够得到的东西。

2. 为明日做好准备的最好方法就是集中你所有的智慧、精力和热诚，把今天的工作做得尽善尽美。

3. 我们不必为不可控制的未来而担忧，要来的终究要来，我们现在所要做的就是走好眼前的一步。

抓紧生活

如果你想得到生活中的精华部分，你就需要认真地思考一下。

光阴似箭，如白驹过隙，并且随着年龄的增长，时间飞逝的速度似乎越来越快。我曾经问过一位 84 岁高龄的老人，是不是当一个人开始衰老的时候，生活就会放慢脚步。他斩钉截铁地给出了否定的答案，他说，生活会变得越来越快！这让我想起了飞机在起飞前，总要经过一段距离的加速跑。每想到这个问题，总会让人感到浑身不自在。这有限的生命对于我们来说，无疑是最可宝贵的。如果你打算善待自己的生命，期望获得梦想中的成功和快乐，希望你的生命是充实而有意义的，希望你的每一天都有冒险和收获，那么你就必须遵循这样一条简单的生活法则：抓紧生活。

究竟怎样抓紧生活呢？方法很简单，就是要像处理生活中那些迫不及待的事情一样去对待生活。具体来说，我们可以来个两步走：首先，制订一个目标。正如阳光、空气之于生命那样，人生须臾不能离开目标的指引，如果你不能确定自己的目标是什么，那么你的一生终将碌碌无为。

1744 年 8 月 1 日，拉马克出生于法国的一个小镇子里，父亲希望他将来能成为一个牧师，所以把他送到了一所神学院读书，他自己也把成为牧师当作了目标；后来，德法战争爆发，他成了一名普通的士兵，像大多数士兵一样，他梦想成为一名尊贵的将军，然而伤病让他没来得及实现梦想就退役了；后来，拉马克爱上了气象学，想自学成为一名气象学家，于是他把许多时间用在了仰望多变的天空上；再后来，他在银行找到了一份工作，他又想做一名金融家；很快，他又喜欢上了小提琴，想做一名音乐家。当拉马克24岁的时候，他遇到了一个大问题——自己没有目标了。要知道没有方向的生活并不好过。他在迷茫的时候遇到了著名的思想家、文学家和哲学家卢梭。卢梭把拉马克带进了自己的实验室，从此以后，这位茫然不知所措的青年迷上了科学。在以后的岁月里，他把大部分时间都用在实现一个目标上，那就是成为一名伟大的博物学家。为了这个目标，他整整奋斗了61年。他取得了成功，赢得了当时和后世人们的尊重。

是的，如果谁不明白目标的重要性，拉马克可以好好地给他上一课。

确定了目标之后，我们接下来要做的就是制订一个计划。一位著名的外交家曾说过："生活中的事情总是呼啸而来，如果你不给自己制订一个计划，就可能会遇到很多麻烦。"很明显，一个切实可行的计划能够让我们的生活条理清晰，也有助于实现既定的目标；然后，制订一个能够确保你实现目标的行动方案；最后，我们就要动手实施了。

举个例子来说，假设你是一家大公司的项目经理，受到上级的委派，要去组织一场大型的展览会。为了圆满地完成这个任务，你必须首先弄明白这次展览会的目的是什么，是要卖出一定数量的商品，还是吸引更多的新客户。只有你的目标明确了，接下来的工作才能顺利地开展。第二步你要做的工作就是制订出一个详尽的计划：预定展台、安排员工的工作、制作宣传材料等。有了这样一个计划，你和所有的员工就知道自己该干什么了，然后就可以分步实施了。

生活其实也和一个项目大同小异，你也可以把生活看作是一个项目，只不过这个项目更加复杂，而且重要性更大罢了。如果没有明确这个特殊项目的目的，没有制订出合理可行的计划，那么你就会迷失自己，看不到自己前进的方向，在浑浑噩噩中得过且过。

你也许会觉得给自己的生活制订一个详尽的计划容易使人僵化，会抹杀掉自发性，使生活丧失掉很多色彩。你的担心是多余的。生命本身就是一种经历，是一种有挑战、有回报的经历；也是一种体验，是一种令人激动的、绚烂多彩的体验。生活也是一种旅程，你不知道自己在沿途会看到什么样令人惊奇的景色。它本身是那么的不可思议，但是要想得到生活的精华部分，你就必须进行思考。给自己一个计划，如果不这样做，你就会像水中的浮萍一样，很容易随波逐流，最终漂到下游去。

在生活的道路上，我们首先要做好计划。这样做的好处就是：无论面对什么样的挑战，我们都会有充足的准备。按照自己既定的目标，把计划付诸实施，这样我们获得成功的概率就会大大增加。

关 键 点 拨

1. 抓紧生活，就是要像处理生活中那些迫不及待的事情一样去对待生活。

2. 按照自己既定的目标，把计划付诸实施，这样我们获得成功的概率就会大大增加。

每天都要注意你的穿戴服饰

如果你的穿戴端庄得体，身边的人对你的反应也会大不一样。

我们知道只有"今天"才是我们所能够真实把握的，因此对于"今天"，我们应该有足够的重视。而重视"今天"最基本的表现就是，你应该每天都注意自己的穿戴和服饰。

生活中那些处理问题游刃有余的成功人士，无一例外地时刻保持着清醒的头脑和充分的理智。他们能够认清自己的生活轨道和自身的行为，知道自己该做些什么，该向什么方向前进。如果你也想让自己的生活不仅是一些偶然发生的事情的集合，而且是充满了刺激的挑战，是一种内涵丰富的、充满回报的体验，那么你就必须做到时时清醒。怎样做到这一点呢？你应该在每天起床的时候就告诉自己，这一天是一个十分重要的日子。因此，你有必要让自己看起来更能引起别人的好感，你应该认真地沐浴、洗漱、刮脸，然后穿上时髦、干净、漂亮的衣服，使自己浑身上下散发出怡人的香味，就像是去参加一个宴会或者一个面试一样。如果你能把自己的每一个"今天"都当作一个重要的日子，并注意自己的衣着打扮，那么你的每一天也会变得具有重大意义。

那些在生活中表现得游刃有余的成功人士，他们关于衣着的最佳建议可以概括为一句话："衣着得体，但不需要昂贵。"是的，朴素的衣着同样能散发出迷人的魅力，现在市面上有大量物美价廉的衣服，大多数人都能从中挑选到适合自己的好衣服。为什么不让自己穿着更得体一点呢？要知道注意自己的仪表，注意干净和整洁，身边的人也会对你有积极的反应，你也会因此而获得尊严、力量和魅力，赢得别人的尊敬和钦佩，甚至在事业上获得更大的成功。

赫伯特·乌里兰曾经是一位普通的路段工人，在短短的一段时间内，他不可思议地就被提升为纽约市铁路局董事。很多人不了解他的成功秘诀，认为他必定得到了贵人相助。实际上，注意仪表的习惯才是他获得成功的重要因素。在一次关于如何获取成功的演说中，他说道："穿戴服饰不能造就一个人，但是它能帮助人找到一份好工作。所以，如果你手中仅剩25美元，还必须找一份工作以解决温饱，那么，你应该花20美元买一套衣服，花4美元买一双鞋子，剩下的钱买剃须刀、发剪、干净的领圈。然后，穿戴整齐去找工作。千万不要怀揣着钱，穿着一身破旧的西服去应聘。"

毫无疑问，穿戴服饰非常重要，我们应予以充分的重视。然而，凡事过犹不及，如果你在衣着穿戴方面过于讲究，就会流于肤浅，让人觉得华而不实。事实上，过分重视着装甚至比完全忽视更加糟糕，无论什么时候，我们都不能一心扑在衣着的研究上而忘了内心的修养和神圣的责任。另外，注重仪表也并不是让你总是穿着正式的服装。其实不必终日扣紧纽扣，把自己弄得很不舒服，只要你能够通过衣着向别人传递出积极的生活态度就足够了。

很多人认为每当周末的时候，我们就可以彻底地放松一下了。这一点本无可厚非，我们总不能让自己每时每刻都处在紧张的状态中，但是这并不意味着你可以无所顾忌地胡乱穿衣服。通常情况下，人们会选择在周末去拜访朋友或者家人，你穿着整齐大方，能够显示出你对被拜访人的尊重。谁也不会愿意看到一个不修边幅、邋里邋遢的你。不管怎么说，这条法则是针对你个人提出的，如果你能够重视自己的每一天，那么你的自尊、自信就会奇迹般地提升起来。

如果你对这条法则表示怀疑，那么你不妨给自己两个星期的时间去试一下。在这个过程中，如果你没有发现自己的精神面貌发生了变化，认为自己和以前相比没有什么不一样的感觉，真是这样的话，你完全可以把这条法则扔在一边不加理睬，重新回到原来的生活状态中。不过，我相信不会出现这样的情况，你会发觉自己比以前更加积极、心情更加愉快。如果你能习惯这条法则，那么以后你就会羞于穿随便的衣服外出或工作了。

关 键 点 拨

1. 重视"今天"最基本的表现就是，你应该每天都注意自己的穿戴和服饰。

2. 注重仪表并不是让你总是穿着正式的服装，只要你能通过衣着向别人传递出积极的生活态度就足够了。

3. 如果你能够重视自己的每一天，那么你的自尊、自信就会奇迹般地提升起来。

养成制订计划的习惯

如果你不对自己想做成的某件事进行有条理的计划，那么它终将只是一个梦想罢了。

计划就像一张地图、一个向导；计划就像一个靶子，像是焦距；计划是一个通道、一个路标；计划是方向，也是策略。计划给你指引前进的方向，告诉你该在什么时间去做什么事情。有了计划，你的生活将会泾渭分明、脉络清晰；有了计划，你前进的脚步将更坚定而有力。我们每个人都需要一个计划，如果你不这样认为，而是把自己扔在漫无目的漂流的生活洪流中，那么你注定会被冲到下游去。当然，就像有了地图你也不一定能找到宝藏一样，制定了计划也并不意味着获得了成功的保证。然而，你应该知道，如果你有了地图和一把铁锹，那么就意味着你比那些漫无目的去挖掘的人更容易找到宝藏。

有了计划，就意味着你对生活有了自己的思考，不会像守株待兔的人一样等待生活的施舍；有了计划，就说明你对生活的道路上将会遇到的问题做了应该有的准备，不会被突如其来的困难击倒。弄清楚自己的目标到底是什么，然后制订一个详尽的计划，搞清楚要达到目的、完成计划需要采取的步骤和措施，然后去付诸实施，这才是成功之道。如果你不对自己想做成的某件事进行有条理的计划，那么它终将只是一个梦想罢了。

计划和梦想是两回事，前者指的是你有意图去完成某件事，而后者只是你希望完成的事情。有了计划说明你已经知道该怎样去实现你的目标，而梦想则不然。如果没有计划，你会不断强化自己"无法自控"的意识；而一旦你拥有了计划，那么一切都将变得和谐而自然，为实现计划所制定的步骤也显得很容易实施了。如果你把实现可能十分渺茫的梦想和切实可行的计划混为一谈，甚至把遥不可及的梦想当作了计划，那么你很有可能会失去很多机会。

有一位名叫伊利诺的青年，很有才华，曾得到美国著名的汽车工业巨头福特公司的创始人亨利·福特的欣赏。亨利·福特有意提携这个年轻人，就问他的人生规划是什么。伊利诺的回答让亨利·福特大吃一惊，原来这位年轻人计划在退休以前赚到1000亿美元，要知道这是福特财产的100倍！福特好奇地问这个年轻人："你为什么要赚那么多钱？"年轻人回答道："这是我一直以来的梦想，我认为只有实现了这个梦想，我才能算是真正的成功者。"福特听了摇了摇头说："年轻人，有这样的梦想本无可厚非，但是如果你把这个梦想当作自己的计划，你注定要吃大亏，因为它基本上没有实现的可能。"此后5年内，福特没有再见到这位年轻人。直到有一天，这个年轻人打电话给福特，说他计划创办一个学校，只需要10万美元，希望福特能够帮助他。福特详细询问了他的计划以后，帮助了他。这位年轻人经过8年的不懈努力，终于实现了自己的计划。这个年轻人就是著名的伊利诺大学的创始人本·伊利诺。

要知道，不切实际的计划比没有计划更可怕。幸运的是，伊利诺最终改变了自己的计划，他成功了。所以，如果你也想取得成功，首先要保证自己的计划不是一个遥不可及的梦想，它具有切实的可行性。

当然，制订了计划以后，也并不是让你不顾现实的情况按部就班。在实施计划的时候，你完全可以根据实施情况，及时对计划进行回顾和评估，然后适当地将它完善，或者在必需的时候改变其中的一些细节和内容。总之，计划不应该是一成不变的，相反，应随着情况做出调整。其实，计划的细枝末节并不重要，重要的是你要养成制定计划的习惯。

　　当事情乱成一锅粥的时候，我们很容易在忙乱中忘掉我们做某件事的初衷和目的。而有了计划你就会避免这一情况的出现，你会对着计划说道："噢，对了，我的目的是这样的，我应该这样做。"然后收拾身心，朝着正确的方向前进。

关 键 点 拨

1.有了计划，就意味着你对生活有了自己的思考，不会像守株待兔的人一样等待生活的施舍。

2.计划和梦想是两回事，前者指的是你有意图去完成某件事，而后者只是你希望完成的事情。

3.计划的细枝末节并不重要，重要的是你要养成制定计划的习惯。

培养幽默感

在生活中发生的各件事情里发现滑稽的成分。

生活中，我们常常会陷入一些琐碎的事情之中不能自拔，以至于时间在我们的耳边呼啸而过都没有察觉。其实，如果我们能跳出这个陷阱，放弃一些微不足道的东西，一切就会豁然开朗。然而，怎么做到这一点呢？最好的办法就是运用幽默感，适当地自嘲一番。但是不要嘲笑他人，我们在迷茫的时候不希望被人嘲笑，别人也是一样。

我们应该学会生活，懂得享受阳光，把精力放到一些更为重要的事情上，不要为失手打碎一个鸡蛋而懊恼不已。比如，当你看到邻居的车擦得锃亮，而自己的车却布满了灰尘的时候，不由得会这样想：哎！我真是太懒惰了，与邻居相比，我真是太不爱整洁了。从而一整天都心情低落。如果真会这样的话，你就确实有必要学一学自嘲了。

学会嘲笑自己和自己所处的环境，你会取得两方面的好处。首先，自嘲有利于你化解紧张的气氛，重新获得平衡感。例如：一次，杜鲁门总统去拜见傲慢的麦克阿瑟将军。会见中，麦克阿瑟若无其事地拿出烟斗，装上烟丝，把烟斗叼在嘴里，然后掏出火柴。当他要划火柴点燃烟丝的时候，才停下来，对杜鲁门说："我抽烟，你不会介意吧？"很显然，这不是在诚心征求意见，对杜鲁门的轻视和怠慢尽显无遗。

对于麦克阿瑟傲慢的言行，杜鲁门备感难堪，然而他并没有发作，甚至连不高兴的表情都没有显露出来，而是淡淡地说："将军，你尽管抽吧，我不介意。毕竟，别人喷在我脸上的烟雾比喷在其他任何一个美国人脸上的烟雾都要多。"杜鲁门用这句自嘲的话，成功地化解了自己的尴尬，同时表现出了自己身为一国总统的气度和胸怀。其次，适当的自嘲可以让你在身体和精神两个方面都获益。因为笑能够促使你的大脑分泌出一种叫作泌恩多芬的化学物质，这种物质能够让你心情舒畅，从而更加感到生活的美好。

另外，适当的自嘲还是赢得别人尊敬和理解的重要方法。世事很奇妙，如果我们总是拿别人开玩笑，可能连一个朋友也交不到，更不要说获得成功了。相反，如果我们拿自己开开心，却能为自己赢得不少朋友。

20世纪30年代，美国有一个政治要人名叫凯升。他首次在众议院发表演说时，因为刚从西部乡下赶来，所以打扮得土里土气。一位善于挖苦讽刺的议员在凯升演讲的时候插嘴道："这位来自伊利诺伊州的人，口袋里还装着麦子呢！"这句话引起了哄堂大笑，但是凯升并没有怯场，而是很坦然地说道："不错，我不仅在口袋里装着麦子，我的头发里还有菜籽呢。我们来自西部的人，多数打扮得不够时髦，但是我们口袋里的麦子和头发里的菜籽却能长出很好的苗子。"凯升不以自己的土气打扮为耻，而以自己生在艰苦创业的西部为荣，他自嘲的话没有引来其他议员的嘲笑，相反还赢得了大多数人的尊敬。不久以后，他的大名就传遍了全国，人们亲切地称他为"伊利诺伊州的菜籽议员"。

除了自嘲以外，这里所说的"幽默感"更多的是要从生活中所发生的事情上找到一些滑稽的成分，来使自己放松。

有一次，一位司机出了一场严重的车祸，随即昏迷了过去。醒来以后，他发现自己正躺在医院的一个小隔间里，浑身上下打满了石膏，剧痛难忍。司机忍不住说了几句脏话，发泄自己的情绪。正说着，一位护士走了过来，拉开了帘子，司机一眼就看到帘子外面坐着一位修女。想起自己刚说过的话，司机面红耳赤，立即向修女道歉。修女严肃地看了看司机，眨了一下眼睛，然后轻声说道："没关系，我曾说过更糟糕的话。"你看，修女的一句话打破了尴尬的局面，让两个人都放松了下来。

　　生活中处处存在好笑之处，发生在自己身上的，发生在别人身上的。只要我们热爱生活、注意观察，就总能从中找到乐子。这样做将有助于我们缓解身上的压力、消除疑虑，使我们的生活更加健康、阳光，所以，我们何乐而不为呢？

关 键 点 拨

1.适当的自嘲还是赢得别人尊敬和理解的重要方法。

2.从生活中发现好笑之人、之事，这有助于我们缓解身上的压力、消除疑虑，使我们的生活更加健康、阳光。

走出你的舒适区

拓展舒适区会让你产生良好的自我感觉。

　　每个人都有自己的舒适区，在这个舒适区里面，我们会感到安全和温暖，不会受到雨打风吹。但是，如果你长期待在这个舒适区里面，就会逐渐变得腐朽，甚至是枯萎，最终免不了衰败的命运。因此，我们每天都应该勇敢一点，走出自己的舒适区，去接受挑战、惊吓和刺激，这样做有助于我们永葆青春的活力和产生良好的自我感觉。

　　舒适区会在短期内让你感到舒适，但是从长远来看，它所带给你的也许是毁灭。

　　青黄不接的季节，一只饿得两眼发黑的小老鼠在厨房里觅食的时候，一不小心掉进了一个盛得半满的米缸里。这个意外让小老鼠喜出望外。它环顾四周发现没有危险后，立即趴下一顿猛吃。接下来的日子，小老鼠吃饱就睡，睡醒就接着吃。有时候，它也为是否跳出米缸进行过思想斗争，但是最终它也没有抵挡住白花花的大米的诱惑。直到有一天，它猛然发现米缸已经见底了，抬头一看，米缸的高度已经不是自己所能翻越的了。

　　对于这只老鼠而言，这半缸米就是它的舒适区，它在这里面可以不愁食物，但是如果待得太久，结局注定是非常不堪的。

命运女神从来不会垂青于那些畏首畏尾的人。"生于忧患，死于安乐"这句古老的警语告诉我们，如果我们过于依恋自己的舒适区，那么舒适区的范围可能会不断缩小，最终将会完全消失。如果我们能时不时地走出自己的舒适区，去尝试着拓宽其范围，那么上述的情况便不会发生。

很多人因为一些无法改变的事实而变得消极、悲观，认为自己无论怎样努力也不能得到想要的结果，于是安心于自己的舒适区内，不愿做一些有益的尝试。事实上，情况往往不像他们想象的那样糟糕，如果他们能够意识到这一点，并勇敢地走出自己的舒适区，他们所能取得的成就常常会超出自己的期望。接下来我们所要提到的小芳姑娘就是这样的人。

小芳是这个姑娘的小名，她于1920年出生在美国田纳西州的一个小镇上。小芳渐渐长大懂事以后，发现了自己与其他小孩的不同：自己没有爸爸。小芳是一个私生女，人们明显地歧视她，小朋友们都不愿和她玩耍。她不知道这究竟是为什么，她是无辜的，但世俗是残酷的。上学以后，可怕的歧视并没有丝毫减少，老师和同学们看她的眼光都是冰冷的、带着鄙夷的。小芳变得越来越懦弱、越来越自闭、越来越敏感。她甚至不敢走出自己的家门，因为她害怕听到背后的指指点点。只有在自己那间小小的房间里，她才能感到些许的轻松。小芳13岁那年，镇上来了一位牧师。牧师是宽容而和蔼可亲的，他不讨厌小芳，并成了小芳唯一的知心朋友。牧师知道小芳的症结所在，他开导小芳说："一个人永远都不是为了别人而活着，更不能因为别人的偏见而和自己过不去。你要勇敢地敞开自己的心扉，走出自己心灵的小屋，要知道并不是所有人都与你作对。勇敢地付出自己的热情，你会有很多朋友的。"在牧师的教导下，小芳逐渐变得开朗起来，她甚至学会了微笑！终于，小芳走上了正确的道路，在她40岁那年成了田纳西州的州长，后来弃政从商，又成为世界500强企业的总裁。她成了家乡人们的骄傲。谁还会记得，很多年以前她是那样一个自艾自怜的小姑娘。

是的，所有成功者都善于开拓自己的舒适区，失败者则恰恰相反。

拓展自己的舒适区，会让你产生良好的自我感觉，能增强自信心。怎样去拓展自己的舒适区呢？你不必去做一些非常危险的事情，比如悬挂滑翔、赤足过火甚至是一些违法乱纪的事情。你要做的其实很简单——主动去尝试一些让你感到恐惧或者紧张的事情。一些你从没有做过的事情。比如，你可以去接触一项从没有接触过的运动，培养一种新的业余爱好等；你可以去参加某个活动、加入某个团体；你也可以去尝试改变自己的性格，如改变你的内向，试着在众人面前表达自己的观点和见解等等。

我们常常给自己设定了许多限制，从而束缚住了自己的手脚，让自己无法去获得更大的成功。从现在开始，我们就应该审视自己的做法，不要再说"我永远做不了某件事"这样的话。试着挑战自己、迈出自己的舒适区并且尽自己最大的努力去拓展它，这必将促使我们从狭小的自我中解脱出来。去不断地学习、不断地成长吧，你的生活经历会因此而逐渐丰富起来，你也将焕发出生机和活力。

关 键 点 拨

1.舒适区会在短期内让你感到舒适，但是从长远来看，它所带给你的也许是毁灭。

2.试着挑战自己、迈出自己的舒适区并且尽自己最大的努力去拓展它，这必将促使我们从狭小的自我中解脱出来。

要有尊严

有尊严就意味着自尊自重。

　　很多人认为成功就意味着拥有很多的钱或者干了一番大事业，但其实，金钱和事业并不是一个成功者的必要条件。曾经有一个隐居遁世的人，他过着极为简朴的生活，但是却大彻大悟，拥有一份平和的心境，怡然自得地享受着所拥有的一切。对于这种人来说，无论是谁也不能将他心底的笑容扼杀，谁又能说他的人生不是成功的呢？

　　几乎所有的成功者都极具尊严。具体来说，就是他们清楚地知道自己是谁，自己存在的意义是什么；他们不会去炫耀自己拥有什么或者自己的地位有多么的重要；他们不会去刻意引起别人的注意；他们并不十分在意别人对他们的看法，因为他们有太多的事情要去处理，无暇注意这些细枝末节。生活中，他们的行为谨慎、彬彬有礼，这样做并不是为了赢得别人的好感，而是不愿意让自己的举止受到别人的议论和关注。

　　在一次世界文学座谈会上，一位其貌不扬的小姐安静地坐在一个角落里，她的旁边坐着一位匈牙利男作家。男作家一副高傲的神色，瞥了这位小姐一眼，问道："你也是一位作家吗？""应该算是吧。"这位小姐亲切地回答道。"噢，那你写过什么作品呢？"男作家继续问道。"我没写过其他的作品，只写过一部小说而已。"小姐微笑着回答。男作家听了越发地得意，说道："其实，我也是写小说的。但是，迄今为止我已经出版了 30 余本小说，这些小说的销量还不错，而且也得了一些奖。怎么说呢，也算是一个多产高质的作家吧。"男作家脸上的笑容越发绽开，接着问道："那么，你写的那一本小说叫什么名字呢？让我想想自己是否看过。"小姐谨慎地回答道："我的那本小说名叫《飘》，后来还被改编成了电影，叫作《乱世佳人》，不知道您有没有听说过。"男作家顿时惊愕地无法搭腔，随之惭愧地难以安坐。原来这位小姐就是大名鼎鼎的玛格丽特·米歇尔。

米歇尔无疑是一位成功人士，但是她行为谨慎、平易近人，很好地保持了自己的尊严。而那位名不见经传的男作家却夸夸其谈，最后自讨没趣，真不知其尊严何在。所以，要想保持自己的尊严，无论什么时候，无论取得什么样的成就，都不要自满、自大；谦虚谨慎永远都没有错。

如果你希望获得成功，首先你就应该自信自制、举止得当、不从众、有主见、考虑问题全面周到，做一个有尊严的人。为了做到这一点，你不用刻意板着脸孔，让自己显得严肃有余、亲和不足。你仍然可以和别人轻松地开玩笑，去寻找欢乐，只是不要过于放纵自己，做出傻里傻气的事情来；你也不必过于循规蹈矩，仍然可以自由自在，不过要把握好度，不要完全失去自控；你可以给自己充足的休息时间，但是不要因此而影响了正常的工作和生活。总之，成为一个有尊严的人，并不是让你不食人间烟火，不要过于放纵自己就好了。

关 键 点 拨

1. 如果你希望获得成功，首先你就应该自信自制、举止得当、不从众、有主见、考虑问题全面周到，做一个有尊严的人。

2. 成为一个有尊严的人，并不是让你不食人间烟火，不要过于放纵自己就好了。

正确认识你的情绪波动

竭力抑制自己的情绪并非良策。

在很多人看来，我们要成为一个有尊严的人，就应该时刻保持端庄有礼、温文尔雅。这似乎就要求我们时刻保持冷静，不能出现剧烈的情绪波动。事实上并不是这样，出现情绪波动是非常正常的事情。当有人挑衅的时候，你完全可以生气；当你失去一个挚爱的人的时候，你也可以沉浸在极度的伤心和悲痛之中。你完全可以去体验巨大的欢乐和喜悦，你还可以感到害怕、焦虑、激动和不安，以及其他一切人类的情感。

我们是有血有肉的人，我们有丰富的感情，情绪上不可能平静如水。我们没有必要去掩饰自己的感情，更没有必要对自己的各种情感心怀愧疚甚至是感觉羞耻。悲伤的时候，我们可以放声大哭；愉快的时候，也可以纵声大笑，尽情地把自己的情感释放出来。这样我们才能进入正常的状态。而竭力遏制自己的情绪并非良策。

当遭遇创痛或者经历一段令人苦恼的时期时，有些人会选择把自己的真实情感隐藏起来，不让自己显露出一丝哀伤，他们认为这样会让自己显得更加坚强。实际上，这样做只会让内心的伤痛持续得更久。你或许认为把自己的各种情绪暴露无遗会违背前面的一条法则"保持尊严"，

　　其实这只是你的误解，除非你以不恰当的方式在不恰当的场合表达自己的情感，否则流露出我们真实的情感永远不应该被视为有损尊严的行为。

　　只要我们能够控制住自己，不做事后有可能后悔或者自责的事情，即使是愤怒也无不可。愤怒可以告诉对方，他们的行为超过了警戒线，严重地伤害了我们，使我们感到非常痛苦，我们并不是好欺负的，他们以后应该注意自己的言行。当然，愤怒要分场合和事情的大小，我们不必为一些鸡毛蒜皮的小事大动肝火，我们只有在适当的时候或者非常有必要的时候才能让自己内心的愤怒流露出来。另外，我们要注意自己的行为，看清发火的对象，不能让愤怒的火焰灼伤无辜的人。如果你只是想找一个渠道宣泄自己的感情，你最好远离那些善良的人们。

　　我们需要通过合适的渠道及时地把情绪宣泄出去。心理学家认为，当人的感情发作时，体内会潜藏着一股能量，必须通过宣泄来释放。如果你把这些激烈的感情都深藏在心底，则必然会有害身心健康。可见，宣泄感情的过程实际上就是消除不良情绪的过程。当然，这里所说的情绪不仅是指愤怒，恐惧、焦虑、惊喜等一切激烈的情感都包括在内。宣泄感情的渠道也非常重要，如果你是一位温柔的女士，你可以去找自己认为最亲近的人谈谈心，甚至可以当着亲人的面大哭一场；如果你是一位坚强的男士，就可以借猛踢足球、痛打篮球或者狠击棉絮等方式来发泄愤懑之情；如果家居偏僻，你也可以对着旷野大吼几声，这样也会使你心情舒畅。

　　一天深夜，一位心理医生的电话铃突然响了。医生接起电话，还没来得及说话，那头那个陌生妇女就说开了："我恨透他了！"

　　这话让医生有点莫名其妙，他就礼貌地说："夫人，您打错电话了吧？"

　　那位妇女也不理医生的话，接着说："我恨死我的丈夫了！我从早到晚要照顾三个小孩，又要操持家务，可他还以为我待在家里很清闲。我想出去散散心，他也不同意，而他却天天晚上出去，说是应酬，说不定干些什么……"陌生妇女说话的中间医生有好几次打断她，但她还是坚持把自己的话说完了。

最后，陌生妇女说："谢谢您，医生，我们确实素不相识，可是这些话憋在我心里很长时间了，如果不说的话我会发疯的。但我又不能和认识的人说，只能用这种办法来倾诉了。现在我觉得舒服多了，谢谢您。"

把生命曾经历的尤其是不快倾吐出来。如果你没有情感，没有情绪的波动，那么你和机器何异？因此，情感的外露十分正常，我们不应有压制它的想法。当然了，强烈地发泄情感的同时，我们也应该有意识地把它限制在一定的范围之内，不能反应过于强烈，甚至是不分场合地随意发泄。如果不是这样的话，你很可能会在暴怒中做出一些事后会后悔的事情。

关 键 点 拨

1. 我们没有必要去掩饰自己的感情，更没有必要对自己的各种情感心怀愧疚甚至是感觉羞耻。

2. 我们需要通过合适的渠道及时地把情绪宣泄出去。

3. 如果你没有情感，没有情绪的波动，那么你和机器何异？

让信念常在

保持信念是需要付出实际行动的，而不是流于口头的；伪善的人则往往试图鼓动教唆他人。

英国现代著名的诗人罗普特·布鲁克的作品《小山》中，有这样的句子："让信念常在，我们如是说／我们将一如既往，心甘情愿／即便是通向黑暗，也要满怀希望。"这首诗或许是关于友谊的，当然了，对于诗这种东西，向来是仁者见仁、智者见智的，如果你觉得它完全与友谊无关，也无大碍。但是，为了更好地叙述这条法则，我们有必要首先统一观念，权且认为这是关于伴侣之间感情或者朋友之间友谊的诗。事实上，对于一个熟悉罗普特·布鲁克作品的人来说，这样理解可能最接近作者的本意。

保持信念就是要有"即便是通向黑暗，也要满怀希望"这样的思想境界；保持信念就是要坚信自己的选择，并为之感到骄傲和自豪；保持信念就是要遵守自己的诺言；保持信念就是要在朋友遇到难处的时候，毫不犹豫地给予最真诚而坚定的支持。这体现出了我们一直倡导的许多珍贵的价值观，诸如信任、诚实、坚持、坚韧、忠贞和自豪等。而今许多人对这些价值观已不屑一顾，认为它们已经过时了，已经不能适应时代的潮流了。然而事实上，在这样一个人情淡漠的社会里，拥有信守承诺、守时守信、诚实可靠这样的品格会让你显得突出，会更容易得到别人的认同，也会更好地体现自己的价值。所以，你有足够的理由去坚持这些价值观。如果你对此还有疑问，我们不妨来看一个例子。

作家曼蒂诺在写《矢志不渝》这本书的时候，雇用了一个名叫普劳密斯的人，让他把自己演讲时的一些录音材料整理成文字。这些录音是《矢志不渝》这本书的基础。誊写工作必须按时完成，因为曼蒂诺已经与出版社商定了交稿日期。普劳密斯看起来信心满满，他承诺在两个星期之内完成所有的工作。刚开始的几天，普劳密斯的工作速度确实令人满意，但是很快曼蒂诺就发现，他所整理出来的文章存在大量的排印错误，甚至有一些段落被丢掉。很明显，这位普劳密斯先生并不是一个诚实可靠的人，他在偷工减料。为此，曼蒂诺警告了普劳密斯并嘱咐他一定要保质保量地按期完成。转眼两个星期的期限就要到了，曼蒂诺来查看普劳密斯的工作进展情况，普劳密斯含糊其辞地说已经完成了百分之九十。然而几天以后，当曼蒂诺再次到来的时候，他仍然停留在百分之九十上。最后，曼蒂诺不得不付清普劳密斯工资，另请了一名誊写员。一年以后，曼蒂诺获得了一个政府合同，完成这个合同需要做大量的誊写工作。于是，曼蒂诺在当地的报纸上刊登了一个广告，招聘多名誊写员。然而，誊写员十分稀缺，广告刊登了几天，依然没有招聘到足够的誊写员。正在曼蒂诺发愁的时候，普劳密斯打来了电话，他为自己曾经的所为道歉，并恳求曼蒂诺再给他一次机会。然而，即使是极缺人手，曼蒂诺仍然礼貌地拒绝了他。可怜的普劳密斯先生为自己的不诚实、不信守承诺付出了代价。

当然，也有人并不是对上述这些价值观不屑一顾，他们只是避免做一个"老好人"。现代社会，人们似乎已经对人性没有了信心，不加区分地把一切所谓的好人看作是"伪善的人"。实际上，我们所说的保持信念的人和所谓的"伪善的人"有本质上的区别。保持信念需要付出实际的行动，而不是流于口头的；伪善的人则往往试图鼓动教唆他人。所以，那些有自己的信念，并且把信念默记于心的人是我们所要赞扬的；而那些四处宣扬自己的信念并试图使别人接受自己的一套行为方式的人，则有可能会成为一个真正意义上的伪善的人。这么说，你可能会认为本文的作者符合伪善之人的条件。其实，我们在这里只是向你阐释一些道理，并没有试图强迫你一定要按这条法则行事。要知道，无论到什么时候，最终的选择权都在你自己手里。

最后还需说明一点，本文所涉及的理念都是作者生活经验的总结。要知道，真正正确的东西从来都不会过时，所以，它们也一定不会让你感到失望。

关 键 点 拨

1.保持信念就是要坚信自己的选择，并为之感到骄傲和自豪。

2.事实上，在这样一个人情淡漠的社会里，拥有信守承诺、守时守信、诚实可靠这样的品格会让你显得突出，会更容易得到别人的认同，也会更好地体现自己的价值。

懂得真正的快乐源于何处

你体验到的那种心情完全是你自己带来的。

　　谁都想做一个快乐的人，但是并不是所有的人都能如愿。有人把得不到快乐的原因归咎于糟糕的客观条件，因此总是埋怨上天的不公平。然而，真正的快乐源于何处呢？这些人也许怪错了地方。我们不妨来看这样一个场景：你看上了一套非常漂亮的房子，房子所在的位置和内部的装修以及小区的环境、价格等等几乎所有的条件都让你非常满意，于是你筹足了钱，如愿得到了这套房子。当你拿到房门钥匙的时候，兴奋和喜悦理所当然地充满了你的心。现在，让我们来想一想，这个快乐来自何处呢？难道是开发商在建筑房屋的时候，把快乐也植入其中了吗？当然不是这样，你所体验到的那些兴奋和喜悦的心情完全是你自己带来的。

　　爱默生在他的短文《自我依赖》的结尾曾这样写道：一次政治上的胜利、生意上的大获成功、有朋自远方来、病体康复或者其他令人激动的事情让你心情激动、情绪高涨，你还真以为是这些外物给你带来愉悦？事实上，除了你自己，没有人能让你感到快乐。让我们再来设想一下，当你恋爱的时候，和所爱的人如胶似漆，你同样会有非常美妙的感觉，兴奋、激动，感觉好极了。当你每一次与他／她约会，每一次看到他／

她的身影，你的身上就会散发出爱的气息。这种美妙的感觉来自何处呢？难道是你所爱的人带给你的吗？不是这样，和我们前面所讲的一样，这种快乐是你自己带来的。诚然，当他／她陪在你身边的时候，会激发出你幸福的感觉，但是就算是他／她去了地球的另一边，你的这种感觉仍然会存在，而不是随他／她而去，因为它来自你的内心。

如果你感到快乐，你不能把功劳归于外物；同样，如果你感到悲伤，你也不能去归罪于别人。无论是快乐还是悲伤，都是你自己给自己的，只要你不愿意接受，怎样恶劣的情况都不能阻止你歌唱。

斯科特是第一个到达南极的英国人，他和他的同伴创造了伟大的奇迹。但是他们在归途中遇到了严峻的考验：他们断粮了，燃料也没有多少了，更可怕的是极地可以吹断冰崖的狂风持续肆虐了 11 个昼夜后还没有停下来的迹象。斯科特一行知道自己已经不可能走出冰原了，这与毅力和意志无关，人力注定无法与大自然相抗衡。斯科特拿出了事先准备好的鸦片，这个东西可以让大家在不知不觉中进入梦乡，不必再忍受痛苦的折磨。但是，他们最终并没有这么做，他们选择在欢唱中离世。后来，一个搜索队找到了他们，并从斯科特冰冷的遗体上找到了一封告别书。告别书上这样写道：如果我们有勇气和平静的思想，我们就能坐在棺木上欣赏风景，在饥寒交迫中欢唱。

现在，让我们来设想一个现实的场景：你在一家公司里兢兢业业地工作了好多年，你对自己的工作充满了感情，公司的每一个进步都融入了你的心血。然而，现在公司的效益江河日下，为了生存，总经理决定进行裁员，不幸的是你成了被解雇员工中的一员。当你抱着自己的东西走出公司大门的时候，天好像塌了一样，悲愤和委屈让你的心情糟糕到了极点，你感觉自己一无是处、一文不值。那么这种糟糕透顶的感觉是谁带给你的呢？是你手中的东西吗？是你顶头上司毫无感情的话语吗？都不是，它是你自己带来的。

每天早上，当我们睁开惺忪的眼睛时，我们不知道这一天会遭遇到什么样的情况，也许会忍受"被解雇了"的感觉，也许会体验到"坠入爱河"的奇妙感觉。但是你要知道，无论是哪一种心情，都是你自己带来的。如果你不愿意，谁也不能强迫你。

　　人们都会喜欢"快乐"的感觉，他们愿意去得到心仪的东西或者和心爱的人待在一起，认为这样做会让他们感到快乐。为了拥有快乐，人们通常会重复去做一些特定的事情，他们觉得只有这样才能让快乐围绕在自己的身边。显然，他们没有意识到这样一点：快乐的心情是我们自己带给自己的，是我们与生俱来的本领。因此，要探索出快乐的秘诀，你最好在不涉及任何人和物的前提下，去摸索激发快乐的方法。没有更加具体的答案，因为每个人的情况都不一样，答案就在你自己的内心里。

关 键 点 拨

1.除了你自己，没有人能让你感到快乐。

2.如果你感到快乐，你不能把功劳归于外物；同样，如果你感到悲伤，你也不能去归罪于别人。

3.快乐的秘诀是什么，答案就在你的内心里。

懂得何时放弃

当重修旧好已经成为一种奢望的时候，你应该果断地终止它，因为这样长时间地耗下去，对两个人都是一种伤害。

你应该掌握一门叫作"放弃"的艺术，在适当的时候选择放弃，这会让你避免不必要的困扰和压力。

老街上有一个铁匠铺，铁匠铺的主人是一位老铁匠。老铁匠出身打铁世家，家里几代人都是远近闻名的铁匠。而今，人们已经不需要使用打制的铁器了，老铁匠的手艺无处施展，就改卖一些斧头、拴狗的链子等小玩意。他觉得生意无所谓好坏，够他一日三餐以及喝茶的钱就行了。老铁匠的经营方式非常传统，人坐在屋内，货物摆在屋外，不吆喝，晚上也不收摊。不管你什么时候打铁匠铺门前过，都会看到老铁匠躺在椅子上，手里拿着一个半导体，旁边放着一个紫砂壶，日子过得怡然自得。然而，平静的生活很快被一个文物商人打破了，他看到老铁匠的紫砂壶，说愿意以10万元的价格买下。老铁匠从没有见过这么多钱，但是他还是拒绝了商人，因为紫砂壶是从他爷爷那里传下来的，祖孙三代打铁的时候，都喝着壶里的水，他们的汗水都来自于这把紫砂壶。商人遗憾地走了，但是老铁匠的生活却无法恢复平静。

他开始患得患失，从没失眠过的他开始失眠了。更糟糕的是，附近的人听说这件事后，纷纷来看他的紫砂壶，甚至有人已经开始向他借钱了，更严重的是还有人半夜三更偷偷摸进老铁匠的屋子。过了不久，文物商人去而复返，这次他带来了20万元现金。面对花花绿绿的纸币，老铁匠坐不住了，他找来街坊邻居，当着大家的面，抡起斧头把紫砂壶砸了个粉碎。人们在叹息中散去了，老铁匠的生活终于恢复了原先的平静。而今，老铁匠已经在悠然自得中度过了102岁的寿诞。

　　面对金钱的诱惑，老铁匠选择了放弃。因为他知道自己需要的是什么，很显然他是睿智的。很多时候，我们不愿意放弃，不愿意承认失败，我们喜欢生活赐予我们的挑战，我们希望坚持到胜利。然而，世事岂能尽如人意，我们总有无法战胜的困难，这个时候，我们也要像老铁匠一样适时而果断地选择放弃，以确保我们的生活不再受到困扰，我们的自尊不再受到更严重的伤害。

　　举个例子来说，当你和曾经的爱人已经没有了感觉，你发现两个人在一起已经变成了一种煎熬，当重修旧好已经成为一种奢望的时候，你就应该果断地终止它。因为这样长时间地耗下去，对两个人都是一种伤害。如果这段感情的结束是因为对方的不负责任，你可能会想去报复对方，但我劝你还是忘了这个念头，放弃，彻底地放弃这段感情吧。这显然要比报复来得更明智，它说明你对这个原本无法忍受的事已经可以泰然面对了。换个角度说，也许最好的报复，就是全然漠视之，将其慢慢地忘掉。

　　有时候你可能会认为自己很重要，没有了自己，很多事情就无法处理，你把所有的事情都扛在自己肩上，弄得自己身心俱疲。其实，你完全不必如此，没有你，地球照样转。这么说可能会让你感到些许的沮丧，但是认识到这个事实，可以帮助你放下包袱、减轻压力。有一位精明能干而且事业有成的企业家，他就认为离开自己整个企业就无法运行了，工作上他大包大揽，常常把工作带到家中去加班加点。终于，他支持不住了，沉重的工作和心理压力让他的身体出现了问题，他不得不向医生求助。睿智的医生了解了他的情况以后，并没有给他开什么药方，而是给了他一些忠告：把工作分给别人做，每天花两个小时的时间散散步，不要把工作带到家中。一开始，这位事业有成的企业家对医生的忠告不以为然，然而身体的日益衰弱让他动了试一试的念头，他开始把工作分给助手，开始花更多的时间去休息，试着放掉手中的一些权力。很快他就发现，即使他不插手，有些工作依然能顺利地开展，甚至比以前更好。这个情况让他感到非常欣喜。从此以后，他的工作更少了，更多的事情让别人去思索，他终于获得了心灵的平和，身体也在不知不觉中痊愈了。

看看茫茫的宇宙，回首漫漫的历史，你会发现自己是何其渺小，自己曾经一直牵挂的事情是多么的微不足道。想想吧，现在选择放弃，伤痛只是暂时的，十年以后再回过头来，你一定不会记得这个挫折。你在选择放弃之后，时间很快就会冲洗掉所有的不快，你会有一种豁然开朗的感觉，看问题的角度和方式也会发生改变。相反，如果你迟迟不能松手，那么困扰和压力也许会一直伴随着你。因此，遇到无力挽回的事情或者将给我们带来困扰的东西，我们应果断地选择放弃，然后让时间来处理接下来的事情。

关 键 点 拨

1. 没有你，地球照样转。

2. 现在选择放弃，伤痛只是暂时的，十年以后再回过头来，你一定不会记得这个挫折。

3. 遇到无力挽回的事情或者将给我们带来困扰的东西，我们应果断地选择放弃，然后让时间来处理接下来的事情。

照顾好你自己

你已经是一个成年人了，因此，从现在开始一切都要自己决定。

身体是革命的本钱，如果你的身体垮了，那么你的一切理想、抱负还有什么意义呢？因此，照顾好你自己是极其重要的。怎样使自己身体倍儿棒呢？多吃绿色食物、多做运动、早睡早起等是人尽皆知的道理，无须多说，但除此之外，还有以下几点需要你多加注意。

每年进行一次例行的体检是明智的选择，争取把所有潜在的病患都扼杀在萌芽状态。

詹姆斯是一家大型公司的白领。公司每年都会安排工作人员进行一次例行体检，詹姆斯对此不以为然，他认为自己的身体很好，不必进行什么例行体检，觉得体检简直就是在浪费时间，而且让医生在自己的身体上检查来检查去实在是让人不舒服。因此，每当体检的时候，他总是想尽一切办法逃脱掉。有一天，詹姆斯胃部实在是疼得受不了了，他才到医院去检查，结果发现他患的是胃癌而且是晚期，治疗起来非常困难。如果能早一点发现，就不至于如此棘手。直到这时候，詹姆斯才开始为自己以前的行为感到后悔。但是错误已经铸成，后悔又有什么用呢？

　　由此可见，我们一定要记住：如果有体检的机会就一定不要错过。此外，我们有必要对食物进行一番认真的选择。有一些食物可以给人体提供高能量，加快人体的新陈代谢，让人感觉到精力百倍。而有一些食物则是名副其实的垃圾食品，它会让你萎靡不振、懒惰懈怠、思维迟钝，还会在你的体内囤积脂肪，给你的健康造成长期的损害。人体只有在高能量、有益健康的食品滋养之下才能高速、高效地运转，垃圾食品只会锈蚀身体，使人体内的发动机减速。因此，对于垃圾食品，我们最好敬而远之。

　　睡眠对身体健康的重要性也不容忽视，缺少睡眠会让你感觉到疲倦乏力，而睡眠过多也会让你感到萎靡不振、无精打采，只有适量的睡眠才会让你神清气爽、精力旺盛。通常，在你一觉醒来后，继续倒头大睡，那么第二次醒来的时候仍然会觉得困倦；如果你能在醒来后立马起床，则常常会感到精神百倍。除此之外，为了获得一个满意的睡眠，你最好做到以下几点：第一，睡眠前不要生气。生气会让人心跳加快、呼吸急促、思绪万千，以至于辗转反侧难以入睡。第二，睡前不要吃太多东西。因为胃肠在消化满腹食物的时候，会不断分泌出一种化学物质刺激大脑，让大脑一直处于兴奋状态，从而让人难以安然入睡。第三，睡觉前不要饮茶或者喝咖啡。茶叶和咖啡中含有咖啡因等物质，这些物质会刺激人的中枢神经，同样会影响你的睡眠质量。第四，睡觉前不要做剧烈运动。剧烈运动会让大脑中控制肌肉活动的神经细胞呈现出强烈的兴奋，从而很难让人尽快入睡。第五，枕头的高度要适宜。过高会影响呼吸道畅通，容易打呼噜，过低则容易落枕。一般来说，8～12厘米高最合适。第六，睡觉时不要用口呼吸。张口呼吸不仅容易进灰尘，而且气管、肺、肋部会因此而受到冷空气的刺激。当然了，我们都是成年人，不需要别人的监督，也不会有别人来监督，我们打算怎么做，最终都是我们自己说了算。起不起床、擦不擦皮鞋这些小事与别人无关，但是我们应该为自己负责，为自己一天的工作和生活负责，为自己的身体健康负责。

　　谁都有惰性，我们不能对自己的自制力太过自信，因而有必要让自己去遵守一些正确的生活法则。这样做通常可以使我们睡得香、吃得好，有合理的放松时间和进行适量的运动。正确的生活法则还将约束我们的行为，使我们避免去尝试有潜在危险的事情，并且告诉我们怎样远离危险。总之，我们应该有自己合理的生活法则，它将使我们更懂得照顾自己。

正如我们前面所说的一样，我们不能依靠别人来提醒我们准时进餐、补充营养；不能依靠别人来告诉我们要保持身体干净、整洁；不能依靠别人来督促我们要适时出门散步、运动。作为一个成年人，我们可以选择整夜的狂欢，也可以选择保护好自己的身体，只有我们自己可以对自己的身体负责。

关键点拨

1. 我们应该有自己合理的生活法则，它将使我们更懂得照顾自己。

2. 只有我们自己可以对自己的身体负责。

▶▶

待人接物都要讲求礼貌

注意礼节不花费你一分一毛，却能让你的生活充满善意，那些和你接触的人也会感到温暖和愉快。

英国著名人类学家凯特·福克斯在《观察英国人：英国人行为模式之探究》一书中写道：英国人在任何一个小型的交易中，比如买一份报纸，通常至少都会说三个"请"和两个"谢谢"。你或许会为英国人的礼貌程度感到惊讶，但是，仔细想一想，这又有什么不好呢？我们每天都会和很多人打交道，在这个过程中，多一些礼貌可以让你少一些阻力，少犯一些错误，也更容易赢得别人的好感。相反，如果你不知道怎样做才算是礼貌，怎样做算没有礼貌，那么你恐怕就会麻烦缠身了。

许多人都自我感觉很有礼貌，但这可能只是指在正常的情况下。事实上，当时间紧急或者身上压力巨大的时候，大多数人都顾不上礼节之类的了。你可能遇到过这样的情况：由于生活压力巨大，在感到身心俱疲的时候，忘记了应当向别人表示感谢；在匆忙赶火车的时候，恨不得把前面蹒跚而行的老人推到一边去，给自己让开一条路等等。想到这些情节，你还会对自己的礼貌感到满意吗？

礼貌不会费我们一文钱，但是它却能为我们赢得很多，然而生活中有很多人认识不到这个事实。

一群耶鲁大学的应届毕业生，共22位，在实习的时候被导师带到了某个国家实验室参观。全体学生都坐在会议室里，等待实验室主任胡里奥的到来。这个时候，有位秘书过来给大家倒咖啡，同学们全都木然地看着秘书忙来忙去，直到秘书为一名叫比尔的学生倒咖啡的时候，她才听到第一句道谢："谢谢，您辛苦了。"秘书忍不住看了一眼这个学生，在这群学生中，只有他让人眼前一亮。又过了一会儿，会议室的门开了，胡里奥匆匆地从外面进来，连连向学生们道歉。然而，尴尬的场面出现了，同学们静静地坐着，没有一个人回应，只有比尔一个人说了一句"没关系"。接下来更尴尬的事情出现了，为了帮助学生们了解实验室，胡里奥开始向学生们赠送介绍手册，然而这些高才生们一个个都很随意地用一只手接过了胡里奥两只手递过来的手册。胡里奥的脸色越来越难看，这时比尔礼貌地站起来，身体微倾，双手接过了手册，并说了声"谢谢！"胡里奥眼前一亮，拍了拍比尔的肩膀。两个月以后，在毕业生的去向表上，比尔一栏里赫然写着这个国家试验室的名字，这是同学们最想去的单位了。原来，上次的参观实际上是一次特殊的面试，在这次面试中，只有比尔一人交出了令人满意的答卷。了解了事情的始末以后，同学们纷纷抱怨起来："早知道……"

礼貌是对一个人起码的道德要求，每个人都要养成良好的习惯。否则，无论你处在多么高的位置，有多大的学问，都不会得到别人的认同。

其实，无论遇到怎样紧急的情况，或者多么急躁，我们都应该注意自己的言行。具体来说，我们应努力遵从并实践以下礼节。

- 不要对别人的行为指指点点。
- 信守承诺。
- 严守口风。
- 注意基本的用餐礼仪。
- 不要对不小心损害你利益的人大喊大叫。
- 当你做错了某件事的时候，哪怕是一件微不足道的小事，也要立即道歉。

- 什么时候都要讲文明。
- 不要对宗教妄加评价，不要诅咒人或事。
- 当你走在前面的时候，请为后来者开门。
- 当人群匆促向前拥时，要暂时靠后。
- 当别人和你说话的时候，切忌充耳不闻。
- 注意说"早上好"之类的习惯性问候语。
- 当别人帮助了你，或者为你做了某件事情的时候，即使效果让你感到不满意，也应道谢。
- 有客人来访的时候，无论如何都要热情招待。
- 入乡随俗。
- 当只剩最后一块蛋糕时，请把它留给别人。
- 礼貌谦恭，魅力非凡。
- 客人告辞时，请务必送至门外，并道别。

总而言之，无论你遇到什么样的情况，都要注意自己的礼节。

关 键 点 拨

1. 我们每天都会和很多人打交道，在这个过程中，多一些礼貌可以让你少一些阻力，少犯一些错误，也更容易赢得别人的好感。

2. 礼貌是对一个人起码的道德要求，每个人都要养成良好的习惯。否则，无论你处在多么高的位置，有多么大的学问，都不会得到别人的认同。

3. 无论你遇到什么样的情况，都要注意自己的礼节。

经常清理你的物品

满房子的废弃物会让你的情绪也受到不好的影响，使你的生活显得越加混乱而毫无条理、无章可循。

储存无用的东西，不仅会挤占你的空间，还会让你的生活紊乱不堪，让你的大脑无法灵活地运转。另外，一个塞满杂物的房间，也象征着主人的思路混乱不清。因此，你有必要经常清理自己的房间，使房间里的一切看起来井井有条，从而对自己的思想产生积极的影响，让生活也因此而摒弃混乱和杂乱无章。

我们不应该把无用的和看上去不美观的物品堆积在家中。具体说来，在清理房间的时候，我们应该把那些破的、旧的、过时的、无法修复的、累赘多余的、不入眼的东西，及时而彻底地清除出去。适时地来一次大扫除，会让你有一种神清气爽的感觉，好像获得了新生。通过大清理，你会清楚地知道自己储藏了什么，这对你以后的生活无疑会有所帮助。

有些人认为，清理房间里的物品是不值一提的小事，甚至可以忽略不计。比如，中国有一个古老的故事：有一个年轻人整日夸夸其谈，声称要成就一番大事业。但他却非常不讲卫生，把自己的房间弄得乱七八糟，有用的、无用的东西随意乱扔。一次，一位长辈劝他把自己的房间收拾一下，他却振振有词地说："大丈夫应当有扫除天下的志向，何必计较一间房屋。"长辈立即反驳道："一屋不扫，何以扫天下？"是的，清理物品看起来是一件小事，对我们的生活却能产生非常重要的积极影响。通过观察，我们发现，生活中那些令人钦羡的成功者和那些一事无成的人之间有着明显的区别。成功者懂得将自己的生活安排得有条不紊，也懂得适时地清理和丢弃废旧物品。相反，那些生活从没有过起色、从没有取得过真正进展的人，他们同样在跑道上拼尽全力地奔跑，却总是落在别人后面。这不是因为他们没有跑步的天赋，而是因为他们怀里常常抱着一个硕大的袋子，里面所装的东西不乏众多的废弃物。如果他们能适时地清理自己的物品，他们的脚步无疑会轻快很多。看一看那些碌碌无为之辈的房间，他们的壁橱里常常堆满了垃圾物品，柜子里则藏着一些破损的瓶瓶罐罐，衣柜里也尽是一些不再合身或者早已过时了的衣服。这些东西千百年以后或许会成为珍贵的文物，而现在它们却毫无实用价值。

此外，经常清理房间还有给你减轻压力的作用。当你把那些塞满房间各个角落的废弃物品清理干净的时候，房间里原先窒息的感觉也会烟消云散。看着清爽了很多的房间，你也一定会油然而生一种良好的自我感觉，感到自己有能力控制局面。因此，如果你发现自己前进的脚步已经停滞，你就要想想是不是因为自己负担太重，看看自己的房间里是不是塞满了杂物，然后决定是不是要进行一次大清理。

关 键 点 拨

1. 储存无用的东西，不仅会挤占你的空间，还会让你的生活紊乱不堪，让你的大脑无法灵活地运转。

2. 我们不应该把无用的和看上去不美观的物品堆积在家中。

3. 如果你发现自己前进的脚步已经停滞，你就要想想是不是因为自己负担太重，看看自己的房间里是不是塞满了杂物，然后决定是不是要进行一次大清理。

为自己画定分界线

为自己画了个人分界线以后，你就无须害怕别人了。

我们每个人都应享有被尊重、隐私被保护、荣誉被保持以及付出和得到爱等权利。这些权利不能让别人任意践踏，为此我们应修筑起保护这些权利的"城墙"，也就是所谓的分界线。除非经过我们的同意，否则这些分界线别人不得跨越。如果有人尝试着突破这些分界线，你应该站出来表明自己的观点："不行，这个我不能接受！"

要建立这样的分界线，并让别人来尊重它，首先你必须清楚地知道自己赞成什么，反对什么。换句话说，你必须在自己的意识中先画出一条界线来。然后，你所要做的就是坚持这条分界线。只有你给予自己的分界线充分的信任和尊重，才能期待别人也来尊重它。相反，如果你觉得这条界线有没有无所谓，那么别人也会觉得它可有可无。

一旦你建立了这条分界线，你就会发现它的作用是非常明显的。首先，你越是坚信这条界线的合理性，你就越不会受到别人的影响；其次，你建立的界线越清晰，你便越能辨别出别人的言行举止是否合理；再次，你有权自尊自重，只有你先尊重自己，别人才有可能来尊重你，而你只有全面地认识自己，才能来尊重自己。为自己画定分界线有助于你认识你自己。因此，为了使自己更加理性和明智，为了让自己赢得别人的尊重，我们应给自己设定分界线。而分界线一旦形成，我们就应该通过自己的信心和决断不断地去加固它。

为自己划定了分界线以后，你就不必害怕别人了。你已经知道了什么事是你能够忍受的，什么事是你所无法容忍的。当别人做出不恰当的举动时，当别人挑战了你的分界线时，你就应该站起来说："你不能用这样的方式来对待我"，或"你不能用这样的方式对我讲话"。例如，你有个好朋友，他曾经给过你很多帮助和关怀，你把他视作知己甚至是恩人，在他的面前你总是显得懦弱而缺乏主见。这位朋友早已习惯了你的态度，他和你说话的时候，常常用耳提面命的口吻，这让你感到很没有尊严。这个时候，你应该知道他已经跨越了你的界线，你应该站出来，大胆地把自己的想法说出来："我再也不能容忍你这样对待我了，你不能用这样的口吻和我说话，我们是平等的，我应该有自己的尊严！"相信你坚定维护自己分界线的态度一定会让他受到触动，而他也一定会反思自己的行为。

当然，在维护自己分界线的时候，我们要注意方式方法。最好能采用较为委婉的方式，尽量避免猛烈地抨击对方。

查理·斯瓦克是一个残疾人，他的腿有些毛病，走起路来像只鸭子一样愚蠢而且令人发笑。但是，作为一个有强烈自尊心的人，斯瓦克不能容忍别人肆无忌惮地嘲讽自己走路的姿势。在一次朋友聚会的时候，一位好朋友在得意忘形之际当着众人的面学起了斯瓦克走路的姿势，惹得众人哄堂大笑。斯瓦克没有怒发冲冠，没有冲着那位朋友喊："你是一个卑劣的小丑，你用别人的痛苦来哗众取宠。"而是当大家笑声渐止的时候，平静地对那位朋友说："亲爱的朋友，你很幽默，我不能不说你的模仿能力很高超。但是我并不觉得你的表演很好笑，相反，你的行为让我从此以后羞于在别人面前走路。怎么说呢，对于你的行为，我感到很遗憾。"一席话，让那位朋友意识到了自己的错误，他立即向斯瓦克道了歉，从那以后再也没有嘲笑过斯瓦克的腿。

总而言之，为自己划定分界线，并用适当的方式维护它，不仅可以让我们更有尊严，也可以帮助我们抵制那些爱出风头的、粗鲁的、好斗的人，还可以帮助我们辨别出谁是在利用我们，谁是在贬低我们的价值。成功者总能够识别出情感欺诈，看出谁在与他们逢场作戏，谁在和他们虚情假意。成功者也能辨别出谁是软弱无能的人，谁是喜欢诋毁他人的人以及谁是借贬损他人抬高自己地位的人。一旦你划分出了自己的分界线，你就可以坚定地站在线后，像成功者一样做出自己的判断，做一个坚定、果敢和有主见的人。

关 键 点 拨

1. 为了使自己更加理性和明智，为了让自己赢得别人的尊重，我们应给自己设定分界线。

2. 一旦你划分出了自己的分界线，你就可以坚定地站在线后，像成功者一样做出自己的判断，做一个坚定、果敢和有主见的人。

买东西要看质量而非价格

如果你支付不起，那就别买。

很多人在出门购物前，会给自己列一个清单，上面写着所有需要买的东西，然后在购物的时候去挑这些物品中价格最低廉的。买完后，他们还沾沾自喜，认为自己省下了不少钱。然而，通常用不了多久他们就会大失所望，因为这些廉价的东西不是破了，就是不能用了，要不就是很快磨损掉了，简直就像假货一样。

小王平时很喜欢购物，哪里有打折、买一赠一或捆绑式销售等活动，她都会热心地参与。虽然有些东西自己根本用不着，但是因为低价或有赠品等原因，她也买了回来。时间长了，她发现这些东西中相当一部分不但质量上毫无保证，而且根本就没有用。

这些低质低价的东西实际上不仅没有节省钱，还会把我们的生活搞得一团糟。因此，我们要倡导一种叫作"高质购物"的风尚，买东西主要看质量而不是看价格。

这条法则最基本的要求，可以归纳为以下三点：

- 只接受最好的，次好的永远不是为你设计的。
- 如果你支付不起，那就别买，或者等到攒够了钱再买。

● 如果你不得不马上去购买一样东西，那就买下你的财力所及的最好的那个。

这些要求看起来很容易做到，但是对于有些人来说却远没有那么简单。我有一个朋友，他花费了很长时间才认可了这条法则。这位朋友过去并不是不看重或者不懂得欣赏高质量的东西，也不是对低价的东西情有独钟，只是他有时候会相信天上掉馅饼的好事。遇到价格低廉却被商家吹嘘为名牌产品的时候，他常常会禁不住诱惑。而且当他急需某个东西，但荷包里的钱却不足以购买质量最好（通常也是价格最高）的那一个的时候，他就会选择买价格最便宜的那个。他对自己的行为曾有一番高论：买东西的全部意义就是"淘到便宜货"，刻意去追求最好的东西，有一种"拜金"或者向别人炫耀自己有钱的意味。所以，他宁肯去买便宜货。但是，经历了几次惨痛的教训之后，他不得不转变了自己的思想。现在他已经把"高质购物"当作自己新的信条了。

买东西看重质量，说明你有眼光、有品位，说明你知道做工考究、工艺精良的物品的优点和好处。具体来说，高质量的东西一般应具备这样三个特点：

● 经久耐用

● 更牢固，更坚韧

● 不易破损

高质量的东西通常是高价格，你可能会觉得这样做会与"俭朴"的美德相抵触。但是事实上，具备上述优点的高质量物品，可以保证你无须经常地更换你的物品，所以你可能会因此而省下不少钱。另外，这些高质量的物品不仅会给你良好的外在感觉，也会让你产生良好的内在感觉。

当然，我们不能因为要买高质量的东西而入不敷出。就像我们前面所说到的，如果你买不起某件东西，你可以不买，但是不到万不得已不要去买那些价格低质量更低的物品。有一些人对此不以为然，他们认为，价格低廉的商品虽然质量低一些，更换更频繁一些，但是从另一方面来说，它可以使我们紧跟时尚的潮流。比如，一双高质量的鞋子也许能穿2～3年，但是在这两三年的时间里，也许鞋子流行的款式早已发生了很大的变化。如果要紧追流行的款式，就不得不让这双鞋子提前"退役"，这无疑是一种浪费。而一些低质量的鞋子,本身寿命就短，况且价格低廉，就算扔了也不可惜。如果你是一位追求时尚的人，这么想似乎也有道理。但是你要知道，真正好的鞋子是不会被潮流所抛弃的。再说了，穿着一双劣质的鞋子你又怎么会有好的感觉呢？所以，无论何时何地，买东西时，我们首先要考虑的还是它的质量，而不是其他方面。

掌握了这条法则之后，你也可以四处逛逛，去看一看便宜一点的物品，这样做并不与法则相抵触，你可以寻找高质中的最低价。

关 键 点 拨

1.这些低质低价的东西实际上不仅没有节省钱，还会把我们的生活搞得一团糟。

2.买东西看重质量,说明你有眼光、有品位,说明你知道做工考究、工艺精良的物品的优点和好处。

避免过度忧虑

　　你只是在为自己的眼角眉梢平添几丝皱纹罢了——那样会令你看上去显老的。

　　未来是不确定的，也是不可预见的，因此总让人感觉神秘甚至是恐惧。我们时不时地为此而忧虑，这也是人性使然。我们常常会为父母、儿女、朋友而忧虑，为自己的工作、人际关系而忧虑，也会担心自己变胖、身体素质下降、思维越来越不敏捷等等。有一些事情确实值得我们担忧，但是一些鸡毛蒜皮的小事也常常会让我们牵肠挂肚。当我们度过一段时间无忧无虑的生活后，突然会奇怪自己怎么不再担忧了，于是又开始了新一轮的、无休止的忧虑。

　　忧虑并没有错，但是为了那些不值一提的小事忧虑则太不应该，那除了会让你的眼角多几条皱纹、让你更显老以外，没有任何意义。因此，我们有必要来弄清楚自己到底在担忧些什么，然后想一想哪些是不必要的忧虑，哪些是我们通过努力可以战胜的忧虑。想尽一切办法去克服忧虑，我们的生活就会重新充满阳光。对于这一点，荷马·克罗伊的例子或许会对你有所帮助。

　　克罗伊是一个作家，他习惯于在寂静的环境中写作，这么说似乎是画蛇添足，因为大概没有哪位作家习惯在喧闹的环境中写作。克罗伊所在的公寓远离闹市，邻居中也没有爱制造喧闹的人，然而这仍然不足以让克罗伊满意。他常常被公寓热水器的响声吵得快要发疯，热水器会砰砰作响，时而还会发出一阵刺耳的声音，这种噪音让他坐在桌前气得直叫。后来，有一次克罗伊和几个朋友一起出去露营，当木柴烧得很响的时候，他突然发现这个响声和热水器发出的响声很像，于是他开始思索：为什么自己喜欢木柴燃烧发出的爆裂声而讨厌热水器的声音呢？最后他得出结论：这两种声音都差不多，自己不应该去在意这些噪音，而应专心于自己想做的事情上。回来以后，他果然做到了。刚开始的几天，他还是会注意到热水器的声音，但是不久以后，他就完全听不到了。

是的，就像生活中其他的一些小忧虑一样，我们之所以被它们弄得狼狈不堪，实际上是因为我们夸大了这些小事的重要性。只要我们肯思索，总能找到克服这些忧虑的办法。但是，令人不解的是，有些人并不愿意采取适当的措施来战胜忧虑。换句话说，他们已经习惯了在忧虑中度日，忘记了无忧无虑是什么滋味，也不愿意为免于忧虑而出谋划策。对于这些人来说，他们的生活实在是一团糟。

如果你正处在忧虑之中，而你又渴望摆脱这种情况，那么你应该做到以下三点：寻求切实可行的建议；了解事情进展的最新信息；做一些能够帮助你缓解忧虑的事情。例如，如果你为自己的健康而担忧，那么你应该去医院检查一下，并听取医生的建议；如果你为自己的体重发愁，那么你就应该去健身房或者让自己少吃一点；如果你为自己的钱包发愁，那么你最好给自己制订一个预算以节省开支；如果你为丢失的小狗而发愁，那么你就应该到警务处或者动物收容所之类的机构去了解情况。然而，如果你为自己的日益衰老而发愁，那就没有办法了，因为衰老是自然的规律，谁也不能例外，无论你怎样担忧都于事无补，坦然去面对才是最好的办法。

如果上述的办法都不能让你释怀或者你是一个慢性的忧虑症患者，那么我们还有一个好办法来帮助你，那就是分心。你可以努力使自己对某个事物产生强烈的兴趣，然后全身心地去研究它、探索它，从而把忧虑抛开。著名的心理学家米哈里·奇可森特米海伊曾指出：有一种叫作"意识流"的状态，人一旦进入这种状态，就会完全沉浸在所做的事情当中，以至于对外界发生的一切事情都浑然不觉。这里所说的分心，就是希望你能进入到这种状态中去，那将是一个愉快的体验。毫无疑问，你将把所有的忧虑都抛开。此外，上述著名的心理学家还给我们出了一招，他说："如果你能找到一个可以信任而且愿意倾听你说话的人，把所有的烦恼和忧虑都向他倾诉，无论他能不能给你有效的建议，只要你倾诉出来，你就会觉得轻松了很多，生活质量也会有较大的提高。"

　　为某件事情担忧，或许可以说明你对这件事情不愿采取有效的措施。也许对你而言，着力去解决这个问题会很麻烦，所以你干脆不做，只是忧虑。俗话说："人无远虑，必有近忧"，合理的忧虑是很正常的，但是如果为一些毫无意义或者毫无必要的事情而忧心忡忡，则无异于浪费生命。

关　键　点　拨

1. 我们之所以被生活中的一些小事弄得狼狈不堪，实际上是因为我们夸大了这些小事的重要性。

2. 为某件事情担忧，或许可以说明你对这件事情不愿采取有效的措施。

3. 俗话说："人无远虑，必有近忧"，合理的忧虑是很正常的，但是如果为一些毫无意义或者毫无必要的事情而忧心忡忡，则无异于浪费生命。

留住青春

留住青春就是要不断尝试新的口味、新的风格，去从未去过的地方。

前面的文章里曾经说到过：衰老是不可避免的自然规律，谁也不能例外。既然如此，为什么还要提出"留住青春"这条法则呢？确实，谁也无法阻止时间的流逝，身体的衰老是我们每个人都必须经历的，即使运用最先进的医学手段也于事无补。在这里，我们所说的"青春"有别于身体上的青春，是从精神和情感两个层面而言的。

英国著名喜剧演员比利·康纳利在一场表演中弯腰去捡某件东西的时候，听到自己的关节处发出了一声响，通常只有老年人在弯腰时才会发出这种声音。比利·康纳利事后说，他不知道这种情况是从什么时候开始发生的，但是现在却经常会出现。其实，这就是人们常说的衰老的标志之一。除了身体上的衰老标志之外，人们行为上的衰老标志还有：出门的时候喜欢把自己裹得严严实实，以防止伤风感冒；进入室内的时候，即使马上要再出门，也会把外套脱下来，这样做是为了再次出去的时候不会因为温差而再添加衣服；常常说出这样的话："给我弄杯茶喝就够了，其他的都不要了"等。

然而，并不是所有身体上衰老的人都会在行为或者心理上出现衰老的标志。我曾在书上读到过这样一个真实的故事：儿子带着他的老父亲去希腊旅行，长途跋涉，这位老父亲不仅不需要儿子的帮助，儿子甚至连他的脚步都跟不上。可以说，这位78岁的老人至少在行为上没有出现衰老的标志。还有一位年过花甲的妇女，她说她现在的心理感觉还和20岁那年没什么两样。其实不用她说，她这种年轻的心态是从内到外的，外人也能够明显地感觉到。对于她来说，心理上衰老的标志并没有出现。那位老父亲和这位妇女都成功留住了青春。

要留住青春，乐观的态度和平和的心态是一个秘诀。法国著名的植物学家亚当斯就是这样的一个人。

亚当斯的一生可谓充满了坎坷。他在70岁的时候还经历了法国的大革命，这次社会动荡让他几乎失去了一切：他的财产、房子，还有精心呵护的花园。生活一下子从天堂跌落到了地狱。从此，上流社会中没有了他的身影，有时他甚至食不果腹、衣不遮体。一次，他被邀请参加一个学术会议，门卫却因为他没有鞋子而拒绝了他。但是纵使年逾古稀，纵使遭遇过如此残酷的打击，他仍没有显露出老态龙钟的姿态来。他没有对生活失去希望，没有没完没了地抱怨，而是像一个年轻人一样刻苦地钻研。他慈祥的脸上时常挂着平和的微笑，在最困难的岁月里却取得了辉煌的成就。对于这样的人，谁又能说他是一个老人呢？

哦，是的，亚当斯的年龄是大了，但是心灵却依然是青春的，他成功地留住了自己的青春。

每个人都想留住自己的青春，那么我们就要乐于尝试新鲜的事物，摒弃满腹牢骚和一副老人腔；我们要敢于冒险，不要畏首畏尾；我们要紧跟时代的步伐，关心天下事，和时代的脉搏一起跳动。留住了青春的人，不会因为年龄的原因而放弃自行车这项运动；留住了青春的人，不会渴求儿女时刻陪伴在自己的身边；留住了青春的人，不会因为美好的时光已逝而暗自伤神。

留住青春就是保持思维的灵活性，持有开放的态度，不反对进步的改革；留住青春就是敢于尝试新的口味、新的风格，去从未去过的地方，做从未做过的事情；留住青春就是不对新事物表现出反感或者不耐烦，而是对世界保持新奇的眼光；留住青春就是不麻木，容易被激励、被鼓舞。说到底，留住青春是一种心境。

关 键 点 拨

1. 要留住青春，乐观的态度和平和的心态是一个秘诀。

2. 留住了青春的人，不会因为美好的时光已逝而暗自伤神。

3. 说到底，留住青春是一种心境。

花钱解决问题并不一定行之有效

花大钱修车根本就没有减轻问题的严重性，只是延缓它罢了。

很多人会有这样的一种错误的认识：如果我们舍得把大把的钞票投进去，那么所有问题都会迎刃而解，也就是所谓的"有钱能使鬼推磨"。殊不知，对于许多问题来说，我们只有花更多的时间和精力去探究问题的根源，找到合理的应对措施，才能真正有效地解决问题。

拿我们上文所探讨的"衰老"的例子来说，你或许会认为花钱去做整容手术是抵制衰老的有效办法。但是事实上并非如此，整容手术即使是成功了，那也不过是在表面上暂时性地减少了衰老的特征。况且，这个手术还存在严重的危险系数，如果有所不慎，甚至会造成比衰老更加严重的后果。如果我们能从心理上、精神上来"留住青春"，通过我们内心散发出青春的气息，优雅而从容地面对时间的流逝，这显然要比人工制造出来的"青春"要好得多吧！

在物质不太丰富的时代，我们的祖辈们不会因为某件东西坏掉了，就去买一个新的来替换他，而是耐心地坐下来，仔细地检查到底是哪个部件出现了问题，然后想办法把它修好。投入更多的精力和时间去寻找问题的出口，而不是简单地用金钱来解决问题，这个方法或许有些老套，但是却能在人际关系等方面产生良好的效果。比如，你有一个朋友，他平时性格挺开朗的，大家在一起的时候，他总是扮演着"开心果"的角色，逗得大家前仰后合。但是近来他接连遭到几件不顺心的事情，情绪低落到了极点，整日忧心忡忡的样子，和往常判若两人。为了帮助他走出困境，买一个他梦寐以求的礼物送给他，可能会让他的心情舒畅一些。但是，如果你找到他情绪低落的根源，陪他散散步、谈谈心，帮助他解开心中的疙瘩，也许效果会更好一点。

诚然，花钱来解决问题，会让我们感觉到自己足够强大、自己成熟了。但是，事实上金钱从来都不是万能的，有时候，拥有大笔的金钱并不能给你带来想象中的幸福，相反，它或许还会打乱你的生活，成为仇恨、相争的根源。皮德鲁本是一个平凡的工人，生活过得紧巴巴的，一次他像往常一样买了一张彩票，结果这张彩票给他带来了 500 万美元的巨奖。在一般人眼里，皮特鲁撞大运了，他一定兴奋得不得了。是的，刚开始的时候，他是兴奋了一阵子，但是没过多久他就陷入了不幸之中。领了奖以后，他就再也没有见过他的女儿，很多亲朋好友也纷纷离他而去，因为他没有把这笔从天而降的横财分给亲朋们。谈及自己现在的生活，皮德鲁沉痛地说："我现在想要什么东西，就可以买什么东西，但是，除此之外，我比任何人都要痛苦。我买不到真挚的感情和人心。有了这样一大笔钱，我反而成了仇恨和猜忌的对象，人们不再愿意和我接近，我也时刻担心别人接近我只是为了我的钱，这种生活让我累极了，我现在甚至开始怀念以前平凡但不乏乐趣的生活。是的，如果说我从这个经历中得到了什么的话，那就是：金钱不是万能的，有朋友就是有朋友，没有朋友就是没有，爱是需要培养的，金钱拿它毫无办法。"

另外，我们还要学会合理地支配自己的金钱，如果不加思考地乱花钱，你一定会为自己惹下一大堆麻烦。所以，为了更好地解决问题，我们应该停下来，认真地审视问题，找到它的根源。然后再想一想，我们是否可以通过其他更有效、更经济的方法来解决问题。像很多人一样，泰普勒也是一个车迷，他在汽车上花了大把大把的钱，以前他认为这是值得的，然而现在他有了不同的认识。不久以前，他买了一辆外形非常漂亮的汽车，当然价格也相当可观。虽然，之前他听说过这种车极易出故障，但是他还是被汽车销售员说服了。现在，他开始为自己当初的不理智懊悔不已了，汽车三天两头抛锚，他不得不一次又一次地让修车厂的人把它带走，更要命的是，维修一次所花费的钱同样让人咬牙，而且花大钱修车根本就没有减轻问题的严重性，只是延缓它罢了。他不得不面对一个艰难的选择：是让漂亮的汽车乖乖地待在车库里，还是冒险把它开到马路上？泰普勒认识到买这辆车是不合适的，如果当初能再仔细考虑一下，也许问题会简单得多，然而所谓的"如果"永远都不可能发生，他只能把这件事当作一个教训。

我想现在不需要我多说什么，你一定也已经明白了，花钱解决问题并不一定行之有效，你最好能把这条法则记在心里，遇到问题的时候，仔细考虑以后再作决定。

关 键 点 拨

1. 只有花更多的时间和精力去探究问题的根源，找到合理的应对措施，才能真正有效地解决问题。

2. 金钱从来都不是万能的，有时候，拥有大笔的金钱并不能给你带来想象中的幸福，相反，它或许还会打乱你的生活，成为仇恨、相争的根源。

要有主见

我们都希望融入集体中，被周围的人所接受和承认；我们也都希望能拥有一种归属感。

当面对一件事情的时候，我们应该有自己的观点，而不是人云亦云或者像墙头草一样左右摇摆。要有主见，这条法则看起来很容易遵守，其实则不然。我们每个人的内心都不能够坚若磐石，因为我们都有恐惧和忧虑，我们害怕被别人拒绝；我们都希望融入集体中，被周围的人所接受和承认；我们也希望能拥有一份归属感。就是这些希望和害怕常常让我们变得懦弱，不敢坚持自己的主张。为了被别人所接纳，我们有时候甚至会违心地去做自己不想做的事情、发表讨好别人的观点等等。诚然，这样做可以保证我们不被孤立，但是这也让我们失去了尊严。

实际上，只有粗鲁无礼、故意与众人作对的人才会被众人所排斥。如果你为人友善、富有同情心、顾全大局而且尊重他人，你就会被众人热情地接纳。如果在这个基础上，你还是一个有主见、有思想、有创意和创造力的人，那么你就会受到众人的仰慕和钦佩，成为众人的领导。

爱迪丝·阿尔雷德太太曾经是一个非常羞怯的人，她认为自己长得太胖、愚蠢而无趣，不会得到任何人的喜欢。在自己的家庭里，她生怕自己的言行举止给家人丢脸。她努力地去模仿他人，期望自己能通过模仿变得和平常人一样从容、自信。然而，她并没有如愿，她变得越来越敏感、越来越孤僻，她害怕和任何人接触，甚至一听到门铃声就会感到紧张。她的情况引起了亲人们的关注。一天，婆婆找她谈话，说道："一个人，无论遇到什么事情，都要有主见。人云亦云，注定会迷失自己的方向。怎么说呢，人要做回自己。""要有主见"这几个字仿佛一道灵光闪过阿尔雷德太太的脑际，她突然意识到自己的不幸皆是源于自己没有主见。从此之后，阿尔雷德太太变了，她开始研究自己的个性，认清自己，并学会选择衣服以穿出自己独特的品位。她开始主动去结交朋友，并在谈话中表达出自己独特的见解。后来，她参加了一个社会团体，甚至因为独特的气质成了这个团体的主持人。总之，阿尔雷德太太自从明白了"人要有主见"这个道理以后，她快乐了很多，她找到了自己，她得到了别人的尊重，她的人生变得丰富多彩起来。

是的，有自己的主见，并勇于表达自己的思想，这会让一个人有脱胎换骨的改变。

要成为一个有主见的人，首先你要明白自己在想什么，在做什么，你应该清楚地了解你自己。如果你不知道自己在想什么，你从没有审视过自己的内心，那么你一定是个思维混乱、没有逻辑的人。如果是这样，你还在这里谈什么"有主见"，实在是有些贻笑大方了。

有主见意味着你有思想，但是这种思想应该是你自己的才行，把别人的思想原封不动地照搬过来并不能说明你有主见。有这样一位朋友，他十分聪敏，与人争论的时候也是口若悬河、逻辑清晰。但是他的所有观点都是来源于一家全国性的报纸。这家报纸对某一问题发表了什么样的观点，他都会不加甄别地作为自己的观点表达出来。他对这家报纸的观点十分信任，这本无可厚非，但是别人听起来却味同嚼蜡。因为大家都能预见他接下来会说什么，甚至能猜到他会用什么样的语气、词语来表达。这位朋友在发表观点的时候思路清晰、口齿伶俐，极具说服力，足以证明他有较好的思考和表达能力，但是遗憾的是这并不能让他拥有自己的思想。仔细想一想，你是否也有像那位朋友一样的问题？如果是，那么你有必要时不时地更换自己所阅读的东西，以保证不断更新自己的想法，并且在对比和借鉴中形成自己的思想。

　　要使自己有主见，首先你应该有可供思考的问题；其次，针对这个问题，你要切实而深入地去思考。看看我们身边那些在生活中如鱼得水，能够全然接受自己和自己的生活的人，他们一定都做到了上述两点。而那些与自己过不去，一直在挣扎中生活的人，往往连一点都没有做到。

关 键 点 拨

1. 当面对一件事情的时候，我们应该有自己的观点，而不是人云亦云或者像墙头草一样左右摇摆。

2. 要成为一个有主见的人，首先你要明白自己在想什么，在做什么，你应该清楚地了解你自己。

3. 有主见意味着你有思想，但是这种思想应该是你自己的才行，把别人的思想原封不动地照搬过来并不能说明你有主见。

许多事情都不在
你的控制之内

这就好像一出戏，你不能为所有演员的表演负责，但是你必须扮演好自己的角色。

无论你操控事物的能力有多么强大，无论你多么渴望去施展你的操控力，你都必须承认：许多事情都不在你的控制之内。这么说或许会让你感到些许的沮丧，但这是不可回避的现实。明白了这个道理，你应该学会放弃自己操控不了的事物，不再去抱怨世事无常，而是坦然地接受所有已经发生的事情，这会让你有一种前所未有的释然的感觉。

明白了这个道理之后，再遇到挫折和失败，遇到难以接受的噩耗，你就不会再拿自己的头去撞墙，以至于头破血流，而是双手插袋，吹着口哨，潇洒地离开。

伊丽莎白·康纳利是一位普通的美国老太太，她没有儿子，只有一个相依为命的侄儿。在她的眼里，侄儿代表了年轻人美好的一切，她把侄儿视为自己生命中的珍宝和生活的最大动力。侄子满 18 岁的时候应征入伍，不久以后开赴北非战场。从此以后，她不断地为侄儿祈祷，希望死神不要注意到他。战争终于结束了，美国陆军赢得了胜利。她满腹欣喜地为迎接侄儿而忙碌着。然而，就在美国庆祝胜利的这一天，伊丽莎白太太接到了国防部发过来的一封信，信中说，她的侄儿失踪了。过了不久，她收到了一封电报，说她的侄儿已经死了。得到这个噩耗之后，伊丽莎白太太感觉整个世界暗如黑夜，她无法接受这个事实，她似乎已经找不到独自活着的意义了。她决定离开自己的家乡，在流浪中了此残生。就在她收拾行李的时候，她看到了侄儿写给自己的一封信，那是几年前她母亲去世时，侄儿写来安慰她的信。信中说：无论如何，我们都要懂得很多事情是我们所不能控制的。诚然，亲人的离去让人感伤，但是生者却要快乐地活着。伊丽莎白太太把这封信看了很多遍，她感觉侄儿就在身边，教导自己该怎样生活。是的，很多事情是我们所不能控制的，我们所能做的就是接受它，把悲伤藏在微笑底下。于是，伊丽莎白不再想着离开自己的家乡，她开始参加社会活动，给前方的士兵写信，结交新朋友，她过上了侄儿所期望的那种生活。

许多事情不在你的控制之内，所以对许多事情你无须承担任何责任。你要知道：来到这个世界，并不是要来掌控一切事情的，而是来享受生活、享受人生的。如果你能够认识到这一点，你就会为自己腾出更多的时间，生活会变得简单而充满阳光。

正因为你不能操控所有的事情，生活中才会有许多意料之外的事情发生，有的会带给你惊喜，有的则会让你受到伤害。生活总是跌宕起伏，有时候会激动人心、惊心动魄，有时候则会显得枯燥乏味，这才是活色生香的生活。如果你能操控所有的事情，使得自己的人生旅途处处充满鲜花，处处阳光明媚，这固然会让你少掉许多风险。但是，就如同酸、甜、苦、辣、咸五味缺少任何一味都做不出美味佳肴一样，生活中如果没有荆棘，没有暴风雨，那么我们的人生也会显得过于单调和枯燥，这也是不完整的；我们会因此而缺少激动、缺少兴奋，以至于停滞不前，最终快速地死亡。

　　许多事情不在你的控制之内，这并不是让你放手，任由事情的发展，自己不担一点责任。这就好像一出戏，你不能为所有演员的表演负责，但是你必须扮演好自己的角色。在令人激动的时刻欢呼，在伤感的时刻哭泣，在惊悚的时刻恐惧，你应该用自己的表演推动剧情的发展，而不是像一个观众一样，冷眼旁观生活中所发生的一切。

关 键 点 拨

1. 你应该学会放弃自己操控不了的事物，不再去抱怨世事无常，而是坦然地接受所有已经发生的事情，这会让你有一种前所未有的释然的感觉。

2. 来到这个世界，并不是要来掌控一切事情的，而是来享受生活、享受人生的。

走出狭隘的自我

　　假如一首曲子能舒缓你的神经，让你倍感精神振奋，而你却从来不去听它，显然这首曲子的存在对你而言没有任何意义，因为它无法在你的生活中扮演本应扮演的角色。

　　生活中，我们总会遭遇不顺心的事情，这些事情常常会让我们感到非常沮丧甚至是悲伤。如果把这种不良的情绪郁积在心中，无疑对我们的身心都会造成不好的影响。我们必须走出狭隘的自我，让外界的事物来调节自己的心态。我有一个朋友，他心地很善良，特别爱护小动物，家里面收养了十几条灰狗。自从有了这些狗的陪伴，他的生活明显比以前明亮了。无论在外面受了怎样的委屈，无论工作多么的辛苦，无论多么烦恼、生气，无论在那一天遇到怎样倒霉的事情，只要回到家中受到这些狗热情的"问候"，他的心头便会萦绕一种被爱的感觉。这种感觉能让他心中所有的不快一扫而光，心情迅速由阴转晴。他说过，他十分感谢这些狗，是它们让他走出了狭隘的自我。

　　在我们的生活中，亲人或许扮演着灰狗在我朋友生活中的角色。诚然，有时候淘气的孩子会让我们心烦意乱，甚至把我们折磨得要发疯，但仔细想一想，有时候淘气的孩子也是我们不断前进的最大动力。看着他们好奇地观察这个世界，看着他们成长的过程，你会油然而生一种温柔、自豪的感觉。无论什么时候，只要一想到温馨的家，想到最亲的人，我们心中的愁雾就会立即消散，精神也为之一爽。

一只宠物、一个孩子、一本书或者是一部电影，每个人的身边都有这样的事物，它能够让我们从消极的情绪中走出来，让我们心情舒畅、精神振奋，帮助我们走出狭隘的自我。而且奇妙的是，这些东西常常不必花钱，它总能轻易地打开我们紧锁的心门，让阳光驱散其中的阴影。它可以是一种我们经过冥想后达到的心境；它可以是一种让人愉快的乐曲；它可以是一个能够互诉衷肠的老朋友。比如，有些人在整理心爱的集邮册时能够得到极大的满足和安慰，有些人在参加志愿者活动或者做慈善事业时会觉得自身的价值得到了体现。

查尔斯·科特林是汽车自动点火器的发明者，在他成为通用公司副总裁之前，他的家庭一贫如洗，全家所有的开销都只能依靠他的太太教钢琴所赚得的微薄薪水。他没有像样儿的实验室，一度只能在别人的谷仓里做实验。这样的生活实在是让人高兴不起来，但是科特林却从未感到过沮丧或者悲观。他有什么秘诀吗？是的，这所谓的秘诀就是他所热爱的工作。当把全副身心都投入到试验中的时候，他会忘记生活中所有的烦恼，是这些研究工作让他走出狭隘的自我，甚至让他怡然自得。

著名的诗人丁尼生曾说过："我必须让自己沉浸在工作里，否则我就会挣扎在绝望中。"如果想让自己从无尽的忧虑中解脱出来、从狭隘的自我中解脱出来，最好去做一些自己感兴趣的事情。著名的女冒险家奥沙·约翰逊就是很好的例子。

奥沙·约翰逊16岁的时候就嫁给了马丁·约翰逊，在接下来的25年里，这对夫妻旅行全世界，用镜头记录下了亚洲和非洲一些濒临绝迹的野生动物的生存状况。后来，他们结束了旅行，回到美国，到处做旅行演讲，并放映他们所拍摄的那些有名的影片。一次，他们乘飞机飞往美国西海岸的时候，发生了空难，马丁·约翰逊当场死亡，奥沙则永远地与轮椅为伴。人们担心奥沙会从此沉沦下去，然而事实证明这种担心是多余的。事故发生3个月以后，坚强的奥沙就坐着轮椅在一大群人面前演讲。当有人问她为什么要这么做的时候，她回答道："你要知道我不能永远深陷在悲伤里，我需要做一些事情来帮助我战胜狭隘的自我。"

　　无论是什么事物能让你走出狭隘的自我，你都应该去挖掘它，认识它，然后利用它，让它在你的生活中发挥作用。无论是一条狗、一个孩子，还是夕阳西下时和一个睿智老人的闲聊，只要你能够将它挖掘出来，让你意识到一直困扰你的问题实际上并不是那么重要，能够提醒你去注意生活中的一些简单和纯粹的快乐，它就是非常有意义的。相反，如果你知道它在哪里，却无意去碰它，那么这一切都没有任何意义。假如一首曲子能舒缓你的神经，让你倍感精神振奋，而你却从来不去听它，显然这首曲子的存在对你而言没有任何意义，因为它无法在你的生活中扮演本应扮演的角色。

关 键 点 拨

1. 我们必须走出狭隘的自我，让外界的事物来调节自己的心态。

2. 无论是什么事物能让你走出狭隘的自我，你都应该去挖掘它，认识它，然后利用它，让它在你的生活中发挥作用。

不要因感到内疚而自责

如果你感到内疚，这是一个好兆头。

坏人是永远都不会内疚的，因为他们要忙着做坏事。好人常常会感到内疚，因为他们有良心，他们能够认识到自己做了错事、伤害了某人或者搞砸了某事，他们会为此而感到惭愧。从这个角度来看，内疚也并不是一件坏事，它能够说明你还走在正确的道路上。但是，话又说回来了，内疚也是一种有害的情感，它不仅浪费时间和精力，还于事无补，所以，我们必须想办法克服这种心理。

对付内疚，我们有两个办法，一个是纠正错事，一个就是抛弃内疚的情绪。我们知道，谁也不能避免错误，谁都会时不时地搞砸事情，因此只要我们有良心，内疚就不可避免。但是，如果我们不能把内疚转化为切实的行动，不能采取适当的措施以弥补过失，那么内疚就是毫无意义的。如果你并不打算做一些事情来消减内疚，任自己为内疚所困而不能自拔，这无异于在浪费时间、浪费生命。与其这样，你还不如选择第二种方法，忘掉内疚，不要让它再来折磨自己，换一种心情生活。

人非圣贤，错误总是不可避免的，即使造成了严重的后果，你也要尽快从内疚中挣脱出来。事实上，要想成就一番伟大的事业,你必须如此。

20世纪60年代，美国通用电气公司任命一位年轻的工程师全权负责一种新塑料的研究工作。对于一个年轻的工程师来说，这当然是一个不可多得的机会。为了不辜负公司的信任，年轻的工程师抖擞精神，准备大干一场。然而，不幸的事情发生了：在一次试验中，研究设备毫无征兆地爆炸了，价值3000余万美元的设备连同新建成的厂房瞬间化为了灰烬。面对着眼前的一片狼藉，年轻的工程师精神濒临崩溃，他不知道怎样去面对信任自己的领导。在接下来的日子里，他无时无刻不承受内疚的煎熬，不断地埋怨自己为什么不考虑得再严密一些，为什么不征求更多的意见。其实，谁都知道他做得已经足够好了，发生这种事情，实在是让人始料未及。然而即便如此，他仍然不能原谅自己，他相信自己在通用的梦想就此结束了。不久，通用电气公司总部派调查员来调查事故，年轻的工程师将事故的始末一五一十地报告给了调查员，并表达了自己深深的歉意，说愿意承担一切责任。他以为公司即使不辞退自己，也会进行严厉的惩罚。然而调查员只是冷静地问了一句："从这次事故中，我们能得到什么？"年轻的工程师心头一惊，然后郑重地回答道："这种试验方法行不通！"调查员点点头说道："这就好，就怕我们什么也得不到，希望你能找到一个更好的方法。"一场惊天动地的大事故，就这样烟消云散了，年轻的工程师体会到了总部的良苦用心，他立即抛弃了内疚的心理，将全部精力都投入到了下一步的工作中。后来，这位年轻的工程师成长为通用电气公司的CEO，带领通用电气公司实现了连续20年的高速发展。看到这里，你可能已经猜出这位工程师是谁了。不错，他就是被誉为"世界第一CEO"的杰克·韦尔奇。

怎样从内疚中解脱出来呢？首先，你应该评定一下有无必要为某件事情感到内疚。如果只是因为你对自己的要求过高、太过敏感或者责任感太强，即使不能完全原谅自己，你也应该放下背上的十字架，让自己喘一口气。比如，你每次都积极地报名去参加志愿者活动，只有这一次因为一个不得已的苦衷选择了说"不"，如果你因此而感到内疚，觉得自己没能尽到责任，那么你就过于苛求自己了，这并不足以让你感到惭愧。相反，如果你在没有任何借口的前提下拒绝帮助别人，以至于别人因此而蒙受巨大的损失，那么你不仅应该为自己的行为感到内疚，还应该做出深刻的检讨，以保证自己不再犯同样的错误。其次，你应该想一想自己对某件令你内疚的事情是否真的无能为力了。如果答案是否定的，你就应该尽自己最大的努力去扭转局面，从而把自己从内疚中解救出来；如果答案是肯定的，你就应该果断地抛弃内疚这一不良情绪，从中吸取足够的教训，然后继续前行。

　　生活中，我们总会面临各种各样的选择，选项可能有两个也可能有多个，通常这些选项并不是可以随意选择的。如果你选择了某一项，同时也确定以后不会为这个选择感到内疚，那么你应该是对的；如果你选择了某一项，但是未来很可能会因这个选择而内疚，那么你应该谨慎一些。

关　键　点　拨

1. 谁也不能避免错误，谁都会时不时地搞砸事情，因此只要我们有良心，内疚就不可避免。

2. 人非圣贤，错误总是不可避免的，即使造成了严重的后果，你也要尽快从内疚中挣脱出来。

永远只说积极的话

我们不能想说什么就说什么，在说话之前要先动动脑子，多说一些积极的、正面的话。

我们总是自然地、本能地倾向于表现消极的情绪，抱怨、悲叹、批评的话语总是脱口而出。然而，面对任何人或者任何情形，发现其中积极的一面并大声地说出来却显得非常困难。比如，当你周末露营回来后，有人问你玩得是否愉快，你很可能立即抱怨天气太糟糕，同伴们太没有趣味，隔壁大篷车里的那些家伙吵得人不得安宁等等，而不会提及你在大部分时间里都感到很愉快，月光下、篝火旁的晚餐尤其让人难忘等等。因为挑缺点永远比列好处要容易得多。再比如，有人问你和你的上司相处得如何，你的脑海里马上就会浮现出你的上司曾经怎样地批评你，怎样让你加班加点等，而不会想到上司怎样去指点你的工作，怎样对你嘘寒问暖。

一个人，无论他怎样令人讨厌，他的身上也一定具备某些优点。我们所要做的不是盯着他的缺点不放，而是要去发现他的闪光点，并使其凸现出来。如果你实在发现不了他的优点，那么就假装他有吧，给他一个好名声，作为他前进的方向，他一定不会让你失望的。

琴德太太雇了一个女仆，并告诉她下个星期一开始上班。女仆离开以后，琴德太太打电话给女仆以前的主人，知道了这个仆人简直一无是处。琴德太太对自己的选择稍微有些后悔，但是她仍然决定给女仆一个机会。星期一，女仆穿着整洁的衣服来上班，琴德太太对她说："拉莉，我打过电话给你以前的雇主太太，她说你为人诚实，会做菜、会照顾孩子，但是你不爱整洁，从不将屋子收拾干净。现在我可以断定她是在说谎，看看你穿得多么整洁，完全符合我的要求，我想你以后也一定会把屋子收拾干净的，而且你也一定可以和我们融洽地相处的。"后来，女仆果然和琴德太太一家相处得很和睦，而且她把自己的职责也履行得很好，她宁愿多花费一个小时的时间去打扫，也不愿意使琴德太太对自己的希望破灭。

对于某些棘手的情形或者场合，我们也应该用同样的方法去处理。换个角度来考虑问题，能让你在放松一下神经的同时浑身充满力量。记得曾经在一本书上看到过这样的情节：法国巴黎正在举行大罢工，地下铁道里混乱不堪，人们你推我搡，场面十分可怕。一个妇女带着她的孩子行走在人群中。小孩子显然没有见识过这样的场面，吓得面无血色，泪珠在眼眶里打转。妇女发觉了孩子的异样，她弯下腰趴在孩子的耳边说："亲爱的，知道什么是'冒险'吗？这就是！"孩子听了妇女的话后，眼睛里顿时闪出了亮光，恐惧立马被兴奋所代替。"知道什么是'冒险'吗？这就是！"从妇女的话语中可以看出她的机智，以后当我们也面临危机或者深陷麻烦的时候，不妨也用这句话来给自己打气。

当别人问你对某人、某事的看法时，你应该多往积极的方面想，多说一些该人、该事的好处和优点，这样做对你大有益处。首先，它会让你浑身充满魅力，因为积极的态度是非常吸引人的，人们普遍都愿意和自信、积极、乐观的人待在一起；其次，一旦你养成了这个好习惯，你就不会恶语伤人、说人闲话，也不会恣意地去造谣、揭人隐私甚至是搬弄是非了，更不会出现待人粗鲁无礼的情况，这会让你看起来更有修养。当然了，只说好话并不是让你去做一个老好人。本着帮助别人改正错误的原则，你也可以指出某人或某物的不足之处和存在的问题，但是如果只是想逞口舌之勇，那你最好还是慎言为妙。

因此，我们不能想说什么就说什么，在说话之前先动动脑子，多说一些积极的、正面的话。当然，养成这样的习惯绝非一朝一夕之功。我们应该从现在开始注意自己的口舌，当你实在说不出积极、正面的话的时候，那么你还是什么都不要说了。

关 键 点 拨

1. 当别人问你对某人、某事的看法时，你应该多往积极的方面想，多说一些该人、该事的好处和优点，这样做对你大有益处。

2. 我们应该从现在开始注意自己的口舌，当你实在说不出积极、正面的话的时候，那么你还是什么都不要说了。

第二篇

经营爱情，
人生幸福的必修课

　　我们生活在这个世界上，每个人都不能脱离社会而存在，都有付出爱和得到爱的需求，都渴望伴侣关系所带来的亲密感觉。生活中的酸甜苦辣需要有人来一起分享和分担，感情亦需有寄托之处，伴侣在我们生活中的地位无可替代。

　　但是，不可否认，伴侣关系又是一个极易出错的领域，处理不好不仅会让我们遭遇尴尬，生活也会因此而乱成一团。为了避免这种情况的出现，我们需要一些法则来点拨，这也是为什么要写以下法则的原因。虽然其中的有些法则可能会让你觉得老生常谈，但是只要你能认真领会并切实遵守，它就会帮助你打理好生活；还有一些法则会让你耳目一新，它们与人们处理问题的习惯做法不太一样。要知道，我们在处理问题时，有意识地转移角度，常常能取得更好的效果。不同寻常的法则将会让你从全新的角度去思考你与伴侣的关系。

　　当然，下面将要阐述的法则并没有什么革命性的意义，它们只是一些经验和教训的总结。很多伴侣之所以能够持久地保持良好的关系，都得益于这些来自生活的法则。如果你也想享受与伴侣更为亲密的关系，那么请认真阅读下面的文章。

包容彼此的差异，与伴侣和谐相处

如果我们能在庆幸相同点的同时，也接受彼此之间的差异，那么，我们将会相处融洽，而不会再认为我们分属于不同的物种了。

男人和女人有很多不同，这是不容置疑的事实。但是因此而有人说男人和女人分属于不同的物种，甚至说男人和女人来自不同的星球，这就未免有些夸张。事实上，男人和女人之间的不同并不像人们想象的那么大，男女之间的共同点其实比不同点更多一些。如果我们能在为共同点而庆幸的同时，也包容和接受对方的异处，那么你和你的伴侣将会相处得更加融洽，也不会有男人和女人分属于不同的物种这种奇怪的想法了。

我们可以把一对伴侣看作是一个小型的团队，两人都在为这个团队贡献着自己的才干、技巧和资源。每个人都有优点和缺点，有擅长处理的问题和不擅长处理的问题，团队要想正常地运转就需要两个不同素质的人来共同努力。试想，如果两个人都属于强硬的领导者类型，都能快速而果断地做出选择并且不失于鲁莽和冲动，那么谁来处理细节上的事务呢？如果两个人都是点子王、决策者，那么谁来实干呢？如果两个人都是逆来顺受的弱者，那么谁来把握方向呢？所以，我们应该学会包容对方的异处，这样对团队、对个人都大有裨益。我们可以试着将对方的不同点看作是其特殊的才干，而这个才干又是优化团队所必不可少的，这样就更容易理解和包容对方。

　　理解和包容两人之间的差异性，这一点是如此的重要，以至于我们不得不作进一步的论述。婚姻关系方面的专家安德瑞·摩里斯在《婚姻的艺术》这本书里面说："除非夫妻之间能够正视并包容彼此之间的差异，否则没有一桩婚姻能够得到幸福。我们不能期望夫妻之间有着完全相同的思想、意见和愿望，因为这是根本不可能的。"举个例子来说，如果一个妻子能够接纳丈夫和自己之间的差异，不因一些无中生有的猜测而喋喋不休，那么她就不必担心丈夫会去拈花惹草，因为只有那些在生活中感到厌倦的丈夫，才会掉进狐狸精的陷阱里。作为一对伴侣，最值得我们向往的应是共同欢笑的能力，学会诸事放松，无忧无虑、轻松愉快地笑自己、笑对方，也只有这样我们才能把性别的差异抛到一边。

　　如果你和你的伴侣之间的差异性很小，或者说你们的性格、爱好、品位等各方面都有许多相同点，这有时是一件好事，比如你们不会为看哪一个节目而争执，在很多事情上不会出现相左的意见；但是有时候这又是一件不好的事情，如果你和你的伴侣都属于领导者的类型，都渴望自己能在生活中占主导地位，那么你们就极有可能经常处于争夺驾驶座的斗争中。遇到后一种情况，你应该学会妥协和忍让，达成一个两人都能接受的协议，比如轮流行使主导权等。总而言之，共同之处固然值得庆幸，但是也要学会合理地利用，都退一步将会使生活变得更容易。

　　既然两个人走到一起，那么彼此都应该珍惜这种缘分，无论遇到什么样的情况，都应该互相扶持、互相包容，共同使这个小团队运转顺利。如果两个人把力量往一处使，一起前进，你们将会得到更多的收获，生活之舟也会行驶得更顺利；相反，如果不能包容对方，甚至是故意和对方作对，那么你们只能原地踏步甚至是后退。

　　生活中有太多的难题，有时我们也会软弱，也会感到害怕，我们需要有个伴侣来相互扶持、分担压力，共同摸索着前进。对于伴侣，我们应卸掉所有的伪装，坦诚相待。彼此不同的地方不应太在意，更不能小题大做，否则我们将很有可能失去另一半，这恐怕是谁也不想看到的结果。

关 键 点 拨

1. 我们可以试着将对方的不同点看作是其特殊的才干，而这个才干又是优化团队所必不可少的。

2. 既然两个人走到一起，那么彼此都应该珍惜这种缘分，无论遇到什么样的情况，都应该互相扶持、互相包容，共同使这个小团队运转顺利。

给你的伴侣足够的空间，活出真正的自己

当时，是对方身上的什么东西吸引了你？他／她有哪些特别的地方引起了你的注意呢？是对方的什么让你激动、兴奋，使你认定了是他／她呢？

说起来也奇怪，我们爱上某一个人，通常是因为这个人独立、坚强、有主见、能够主导和操控自己的生活。然而，一旦我们"俘获"了对方，我们就会竭尽全力去改变他／她，希望他／她能够遵循我们的意志。如果对方仍像过去一样独立、有主见，我们就会常常感到气愤、委屈。似乎只有束缚住对方的手脚，截去他／她的翅膀，我们才会满意。

换个角度替对方想一想，在没有遇到我们之前，他／她在没有我们陪伴的前提下一直生活得很好，而我们一旦发现了他／她，并通过自己的努力赢得了他／她的爱以后，就立即给对方提出建议，约束对方的选择，限制和压抑他／她的梦想和希冀，束缚甚至是剥夺对方的自由。有人说，婚姻是爱情的坟墓，难道我们给予对方的真是一座"坟墓"吗？我们应该理解对方，尊重和信任对方，还给他／她应得的自由，

让其活出真正的自己。

要知道爱情的真谛绝不是紧紧地守住你所爱的人，而是放手任他／她走。所有成功的伴侣都不会占有对方的感情，他／她会让所爱的人自由，就像让自己自由一样。和其他一切创造性的力量一样，爱存在于自由之中。作家普瑞希拉·罗伯逊曾在他的一本杂志上对"爱"下过这样的定义：爱就是给你的所爱他／她所需要的东西，为了他／她而不是你自己活着。所以，关怀你的伴侣所做的一切，肯定他／她个性化的存在，尊重他／她本来的姿态，创造温情而自由的环境，是所有期望伴侣关系成功的人所应持有的态度。

很多人都有这样的感觉：两个人共同生活了一段时间之后，发现对方原先的魅力消退了，两个人也完全没有了往日的激情和火花，彼此之间居然渐行渐远。出现这种情况，常常会让人感到无奈，我们会把原因归咎于对方的改变。实际上只要你深刻地探究一下，就会发现：两人之间的互不信任、互相压制犹如一张网，牢牢地罩住了对方，彼此都侵犯了对方的自由，甚至在一些微不足道的小事上都试图去控制对方。对方连一点小小的空间都不能拥有，又何谈去活出真正的自己呢？往日的风采自然也就无处追寻。海伦太太就是这方面的例子。

自从结婚以后，海伦就开始陷入害怕失去丈夫的巨大恐惧之中，她偏执得像卡通电影里可笑的妻子一样搜丈夫的口袋、查看丈夫汽车烟灰缸里的东西。她近乎神经质的行为终于引起了丈夫的反感，丈夫开始讨厌她，甚至故意去做她所不愿看到的事情，家庭的空气中时刻飘荡着浓浓的火药味。他们对婚姻感到绝望了，不敢相信自己曾那么深爱着对方，最终他们不得不选择了分居。

是的，一旦自私、占有、支配这些可怕的异质因子进入我们的心中，对他人真实的爱便会逐渐消失。如果让这些野草肆意蔓生而不加以铲除的话，那么就算是世界上最美好的花园也不免会成为一片荒芜。

究竟怎样做才能让自己的伴侣恢复往日的青春迷人呢？首先，你应该回忆一下，当你第一次遇到他／她的时候，是对方身上的什么东西吸引了你呢？他／她有哪些特别的地方引起了你的注意呢？是对方的什么让你激动、兴奋，使你认定了就是他／她呢？然后，你再回到现在，看一看你的伴侣现在的样子，他／她在哪些方面发生了变化？他／她身上的什么东西已经消失了，又多了哪些东西？最后，你要探究出现这些变化的原因是什么，是你侵犯了他／她的生活空间吗？是你将他／她的自信心一点一点消磨掉了吗？是你束缚、控制了对方吗？往日的激情和火花已不复存在，这其中有没有你的责任？如果你的回答是肯定的，那么你应该尝试着通过改变自己来改变对方。

如果你想找回你曾经所深爱着的那个人，那么你应该鼓励对方从舒适和安逸中走出来，去重新发掘潜在的能力和活力。你的伴侣需要一段时间去重拾当年的自信和才智。在这个过程中，你要有足够的耐心，控制住自己干涉对方自由的欲望。简单来说，你要退一步、别瞎管，激励对方去重新寻找自我。这看起来有些难度，但是，凡是成功的伴侣无一不是这样做的。他们都会给对方留出一些自由的空间，从不去束缚对方的手脚，甚至会适时地分开一段时间，这样当两人再次相遇的时候，都能给这份感情带来一些新鲜的、令人兴奋的东西。这样的伴侣关系才是健康的、积极的、值得提倡和更持久的，也才是双方成熟的标志。

关 键 点 拨

1. 我们应该理解对方，尊重和信任对方，还给他／她应得的自由，让其活出真正的自己。

2. 和其他一切创造性的力量一样，爱存在于自由之中。

3. 倘若对方连一点小小的空间都不能拥有，又何谈去活出真正的自己呢？往日的风采自然也就无处追寻。

和善地对待你的伴侣

你必须从零开始，重新礼貌、谦恭、和善地对待你的另一半。

生活中的喧闹和骚动，常常会让我们忽略了伴侣的感受，在一些细枝末节和日夜平凡的相处中，不经意间冷淡了对方或者对他／她显得过于粗鲁无礼。你可能会对自己的表现感到满意，觉得自己做到了彬彬有礼。但是，如果你没有真心地为对方着想，你不知道对方需要的是什么，那么你永远都不会令他／她满意。

如果你想赢得伴侣的心，让你们的生活充满阳光和生命力，那么你必须从零开始，重新礼貌、谦恭、和善地对待你的另一半。你应该找回自己最初对伴侣的尊重，在他／她的面前尽量显示出自己行为的得体和为人的机智，就像你将再次用友善和礼貌去打动或者感化他／她一样。从现在开始，你必须每天多说一些"请"、"谢谢"、"辛苦了"等词语,这些话语可能会让你感到有些"见外",但是对于你的伴侣来说，他／她会感觉到你的关心和真诚；你还应该多为你的伴侣考虑，多多赞赏、夸奖他／她，让他／她感觉自己的努力被认同了；即使不是在特殊的日子，你也应该多买一些礼物送给你的另一半，让他／她感受到你的爱意；在你的伴侣和你讲话的时候，你应该多问一些问题，向对方表明你对他／她的事情很关注等。

时常去关心你的伴侣的健康状况、幸福程度、他／她的梦想和希冀；关心对方的工作负担、兴趣爱好；常常陪伴在他／她的身旁，仔细聆听对方的诉说。你或许会觉得这样会浪费你不少的时间，但是这样做是值得的，你的伴侣会因此而感觉到你依然深爱着他／她，你们之间的关系也不会出现不和谐的声音。伴侣之间稳定的关系是我们在其他方面获得成功的一个基础和动力。

然而，我们中的很多人却不能做到这一点，他们对待陌生人的态度往往要比对待自己的另一半更为友好。他们绝不可能对客户或者工作中的伙伴说出锋利难听的语言，但是常常冲着自己的伴侣大喊大叫。想想吧，我们绝不会对陌生人说："不要再讲这种废话了！"也绝不会贸然打开朋友的信件或者窥探他们的隐私。只有家中的人、我们的伴侣，我们才会因为一些小的过失而羞辱他／她。实际上，伴侣才是我们最应好好对待的人，毕竟他／她对于我们来说才是这个世界上最重要的人，因为在人生的旅途中，他／她或许是伴随我们时间最长的人。从个人快乐的角度来看，伴侣关系其实比工作更加重要。俄国伟大的小说家德琴尼夫，他的著作为他赢得了世界范围内的赞誉，但是在伴侣关系方面他却是一个失败者。他曾经懊恼地说："如果什么地方能有一个女人关心我的衣食住行，那么，我宁愿为了她，放弃我所有的才华和著作！"

那么，我们应该怎样获得成功的伴侣关系呢？应该怎样向伴侣表达自己的关爱呢？你无须做出惊天动地的举动，在细微之处更见真情。自古以来，鲜花都被人们认为是爱情的语言。试想，如果一位男子能在回家的途中给家中的另一半带上一束水仙花，那么对于在家操持一天的她来说，这是一个多么大的安慰。并且一束花并不会让你破费多少，尤其是在鲜花盛开的季节。遗憾的是，生活中有太多的人忽视了这些小事。芝加哥一位法官曾经接触过 4 万余宗婚姻案子，并调解过 2000余对夫妇，他曾感慨地说："婚姻出现破裂的原因，往往不是那些重大的事件，日常的琐事才是悲剧的根源。一件简单的小事，如妻子在丈夫早晨上班的时候向丈夫挥手说再会，常常就会避免一出婚姻悲剧。"

当然，你在向对方献殷勤的时候，先要确定自己了解对方，不要献错了地方。

有这样一个男子，他专爱给自己的妻子买手提袋，但是他的礼物几乎从来都不能让妻子称心如意——不是太大了，就是太小了，要么就是风格不符合妻子的时尚品位。妻子哭笑不得，不得不百般向男子解释说自己是个成人，自己可以去挑选手提袋，不需要他多费心。但是男子的热情依然不减，他固执地认为自己比妻子更懂得时尚。无奈，妻子只有采用以其人之道还治其人之身的策略，给男子也买了一个皮包，男子体会到无法承受的热情后才最终停止了自己的做法。

这位妻子的做法深得禅宗解决问题之道：她没有生气，没有对着自己的丈夫大喊大叫——毕竟丈夫也是出于好意——而只是用一种不伤人的方式取笑了他，让他意识到自己的错误。相信这位男子以后会更加注意去了解自己的妻子的。

关 键 点 拨

1. 伴侣才是我们最应好好对待的人，毕竟他／她对于我们来说才是这个世界上最重要的人，因为在人生的旅途中，他／她或许是伴随我们时间最长的人。

2. 你无须做出惊天动地的举动，在细微之处更见真情。

全力支持你的伴侣

　　你必须做好心理准备，接受对方的独立和坚强，允许对方拥有属于自己的自由和空间。

　　伴侣之间不应因为两人在一起很久了，就变成了连体人，想的一样、做的一样，甚至连感觉和反应都一样。实际上，成功的伴侣关系不仅是双方在一起时无坚不摧，两人分开作为单独的个体时也应坚强。在这样的伴侣关系中，双方都应该支持对方的兴趣和爱好，同时，自己也应尽可能有一个不同于对方的兴趣或者爱好。

　　全力支持你的伴侣，这就意味着你必须做好心理准备，接受对方的独立和坚强，允许对方拥有属于自己的自由和空间。在这个过程中，你应心平气和，不能怀有不信任或者怨恨的情绪。因此，可能会需要你做出一些牺牲或者妥协，这也是对你的一个考验，考验你对自己的另一半是否关心，是否真的想去保护他／她。

　　给你的伴侣足够的支持，让他／她拥有自由的空间，这最终也会惠及你自身，他／她会用自己的行动来回报你。毫无疑问，如果你的伴侣得到了你的鼓励和信任，他／她就不会有束缚手脚、受到限制的感觉。因此，他／她不仅不可能为了获得自由而挣脱你的怀抱，相反，他／她还会以同样的方式来对待你，给你更多的信任和自由。这样，两人之间的关系便会在良性循环中发展，稳固而且健康。

如果你不打算支持你的伴侣，一意孤行地让他／她顺从你的意志，那么情况可能会变得很糟。他／她可能会处处和你对着干，让你感到烦躁甚至是愤怒。比如，他／她会有意无意地把你刚刚擦干净的地板弄得乱七八糟；会花一大笔钱买来你所不喜欢的或者不需要的东西；会一连数日不回家，把你晾在一边；又或者是他／她会整天缠在你身边，絮絮叨叨地抱怨，扰得你心神不宁等等。这样下去，彼此必然会被对方折磨得身心俱疲，最后甚至会出现劳燕分飞的结局。退一步说，就算是你的伴侣容忍了你的蛮横和霸道，你伤害了他／她，又能得到些什么呢？我们都知道美国伟大的总统亚伯拉罕·林肯被刺身亡，但是熟悉他的人都知道，林肯最大的悲剧不是被刺杀而是他的婚姻。林肯的太太玛丽·陶德是个尖刻的女人，身为第一夫人的她丝毫不支持丈夫伟大的事业，她所做的事情就是一刻不停地对林肯大加指责。林肯所做的一切似乎没有一件是正确的：他伛偻着肩膀，走路的样子很怪，两只大耳朵成直角长在他头上，看起来像个痨病鬼。她还夸张地学林肯走路的样子以嘲笑他和打击他的自信心，她要求林肯走路时要脚尖先着地，就像她从勒星顿孟德尔夫人寄宿学校所学来的那样。一旦林肯做出了什么令她不满意的事情，她尖锐的责骂声常常会把酣睡的邻居们吵醒。在做林肯妻子的 23 年的时间里，她百般地折磨自己的伴侣，除了满足了自己嘴头的欲望之外，她还得到了什么呢？林肯伟大的功绩中没有她一丝一毫的功劳，人们在瞻仰林肯像的时候，常常会叹息他有一个这么粗暴的妻子。因此，你必须设身处地地为自己的另一半考虑一下，他／她也是一个独立的个体，有权利去做自己想做的事情。如果你被别人无故限制了自由，也一定会不舒服吧。推己及人，更何况是自己最亲近的人。你应该做出转变，去扮演一个支持者的角色。

当然，你也不能矫枉过正，对于他／她想做的事情也不能不加甄别地支持。首先，你应该保证他／她想做的事在道德和法律允许的范围之内；其次，他／她想做的事不应伤害到你或者破坏你们之间的关系。如果他／她执意要做相反的事情，你也应注意自己处理事情的技巧。假如你立即否决再加之以一通抱怨，如果对方也是一个固执的人，那么一场"战争"恐怕不可避免了。退一步，引导对方去思考问题，那么毫无疑问，他／她终究会醒悟过来的。

　　有时候，我们忘记了自己的另一半也是一个单独的个体，我们忘记了他／她也有自己没有实现的梦想，也有自己的计划。他／她有权利去追逐自己的理想，而我们所应做的就是给予自己的另一半坚定的支持，鼓励他／她去寻找自己的道路，去发展和完善自己，从而成为一个完整的、充满成就感的人；而不是试图去阻止他／她，让我们成为最亲近的人前进道路上的障碍和绊脚石。

关 键 点 拨

1. 双方都应该支持对方的兴趣和爱好，同时，自己也应尽可能有一个不同于对方的兴趣或者爱好。

2. 给你的伴侣足够的支持，让他／她拥有自由的空间，这最终也会惠及你自身，他／她会用自己的行动来回报你。

3. 有时候，我们忘记了自己的另一半也是一个单独的个体，我们忘记了他／她也有自己没有实现的梦想，也有自己的计划。

主动说"对不起"

我们在说对不起的同时，保全了我们的尊严，依然自尊而自重。

当你和伴侣发生了争执，不管是谁挑起了"战火"，也不管争执的内容是什么、争执的结果是什么，你们都要回房好好反省一下自身的问题。当然，口角和争吵是不可避免的，这是人性使然，你不必为此而过于自责或者埋怨对方。但是从现在开始，你需要依照这条规则行事，当争执发生后，第一个说"对不起"。

你可能会觉得委屈，觉得错在对方，应该对方向自己道歉。其实，我们应该为自己首先说"对不起"而感到自豪，这表明我们有更高尚完整的人格，不会因为一句"对不起"而使自己的自尊心有所减损，也不会因为一句"对不起"而感觉受到了威胁或者是感到自己的脆弱。相反，我们可以在说对不起的同时，依然坚强。我们在说对不起的同时，保全了我们的尊严，依然自尊而自重。

我们之所以首先说"对不起"，是因为我们确实错了。无论如何，我们都不应该因为某件事而和自己的另一半纠缠不休。一旦争吵发生了，我们就已经违背了多条应严格遵守的法则。想一想吧，如果你和你的伴侣因为某件微不足道的事情而闹翻了，这不仅会影响到你们之间的感情，而且还会把自己的生活弄得一团糟。无论如何，这都不能不说是一个错误，所以说句"对不起"，你不应该感到委屈。另外，主动说对不起可以使事情尽快得到解决，把闹矛盾的危害降到最低点。如果你对此有疑问，我们不妨来看一个真实的例子：

史密斯先生和史密斯太太都是要强的人，他们都有强烈支配对方的愿望，常常会为"今天谁驾驶汽车"这样的小事闹得不可开交。一个星期之内数次交锋也是很正常的事情。但是，令人感到不解的是，他们之间的感情却从没有出现过裂缝，彼此仍像刚结婚的时候那样深爱着对方。这让别人在羡慕不已的同时也疑惑不解。史密斯先生道出了其中的奥秘："是的，我们经常吵架，甚至是大打出手，这都不是什么新鲜的事情。当然，我们可不是有什么怪癖，希望没完没了地吵架，我们也会为此而伤透脑筋。但是，我们都知道，我们不能生活在令人窒息的环境中，这对双方都没有什么好处，更何况它会影响到我们的工作。所以，每次吵完架之后，总有一方立即做出道歉，而另一方马上给予积极的回应，这样我们俩就可以立即坐到一张桌子上吃饭了。在我看来，闹矛盾也并非一无是处，它可以让双方都说出自己的真实想法，明白对方的要求，使我们心无芥蒂。当然，这一切都要建立在双方都懂得主动说'对不起'的基础之上。"

首先说"对不起"，这对于我们自己也不无益处。其一，说"对不起"可以显示出我们的心地善良、慷慨大度、品德高尚，从而让我们站在道德的优势上；其二，一句简单的"对不起"还会起到神奇的效果，它会化解两人之间紧张的气氛，消除双方消极的情绪，避免"热战"过后长时间的"冷战"；其三，你的一句"对不起"也许能感化对方，对方极有可能会因此而软下来，并且也向你道歉认错，这样会促使两个人都冷静下来，理智地去思考问题。只是一句简单的"对不起"，这并不难做到，而且它还有这么多的好处，你有什么理由拒绝这条法则呢？

当然，你也应注意，你并不是为自己的"罪行"或者错误向对方道歉，是与非也许永远也说不清楚，因为你们是站在不同的角度来考虑问题的。你之所以道歉，是因为你要反省自己的不成熟，为促成两人的争吵而愧疚；你之所以道歉，是因为你向你的另一半发脾气了，你不应该对自己最亲密的人采用这种恶劣的态度，你失去理智了；你之所以道歉，是因为你违反了许多生活法则，破坏了自己的标准，你不应纵容自己的这种行为；你之所以道歉，是因为你的粗鲁、无礼、蛮横、固执、幼稚等行为，如果你想让自己变得更加完美，就必须克服这些暴露出来的缺点。好了，说了"对不起"，也进行了深刻的反省，现在你可以从自己的房间里出来了。

关 键 点 拨

1. 我们应该为自己首先说"对不起"而感到自豪，这表明我们有更高尚完整的人格，不会因为一句"对不起"而使自己的自尊心有所减损，也不会因为一句"对不起"而感觉受到了威胁或者是感到自己的脆弱。

2. 我们之所以首先说"对不起"，是因为我们确实错了。

多用一份心，
让你的伴侣开心

为什么不想去做呢？为什么不早开始这样做呢？

这条法则就是要教你怎么去讨你的另一半的欢心。什么？看到这里你可能又感到不公平了，你不但要给对方自由和空间、和善地对待你的伴侣、全力支持你的伴侣、主动说"对不起"，现在又多了一条"让你的伴侣开心"！为什么自己要承担这么多的事情？事实上，这和公不公平无关，谁都知道你这样做是出于爱，出于对你生命中最重要的人的关心。你要讨好的这个人不是别人，他／她是你的伴侣、你的知音、你的财富。为了他／她，你理应付出自己力所能及的全部，所以"让你的伴侣开心"也是你的职责所在，你有什么可以顾虑的呢？有什么不满呢？为什么不想去做呢？为什么不早开始这样做呢？

这是一个正濒临破碎的家庭。女主人因为琐碎零乱的家务而忧愁不堪，每次照镜子，镜子里都会是一张充满疲倦的、灰暗的脸，眉毛紧拧着，嘴角下垂着，眼睛里装满了烦忧。男主人则是因为辛劳的生活和超负荷的重担不住地抱怨，有时，他还会借酒消愁，喝醉了就把老婆、孩子一顿乱打。

"真的支撑不下去了，我有好几次都想提出离婚。"女主人说。

半年之后，这个家庭几乎成了全世界最和睦的家庭。房间内外总是收拾得干干净净，女主人本身也整齐利落，最重要的是，她的脸上永远挂着迷人的微笑。而男主人每天进门之后，都会首先给妻子一个吻，然后帮着妻子收拾家务。做这一切的时候，他的脸上也会永远挂着微笑。

"为什么会有这么大的变化呢？"周围的人都感到很好奇。

"因为它。"女主人微笑着指指身后的门。原来门上贴着一张纸条："进门前，脱去烦恼；回家时，带上快乐。"

这个主意是男女主人一块儿想出来的。

把快乐带回家是让伴侣快乐的前提，除此之外，我们还要想办法去讨伴侣欢心。

要做到这一点很简单，你应该学会超前思考。比如，在你伴侣的生日到来的时候，你应该换着花样为他／她庆祝生日，而不是一成不变地送一束鲜花、一张卡片或者在酒吧里小酌几杯。你的一些新意不仅会让对方收获一份惊喜，同时他／她也会为你的良苦用心而感动。当对方因为你的"创意"而开心的时候，你是否也会有一种成就感？要想讨你的伴侣的欢心，你还需要经常猜想他／她喜欢什么、需要什么，在一些适当的日子里，把他／她真正向往的东西当作一种惊喜送给他／她；此外，你还应该给对方买一些从未买过的东西或者是一些奢华品，或者和对方去做一些从未做过的事情，让他／她感到新鲜，让你们的生活充满活力；日常生活中，你可以挑一些有趣的小东西逗他／她开心，让你的另一半知道你一直都在惦念着他／她。总而言之，超前思考，多用一份心去为你的另一半考虑，让对方知道他／她在你心目中的重要位置。对于他／她来说，这或许是最开心的事情了。

此外，要让伴侣开心，甜言蜜语必不可少。人们常说情话是最不值钱的，同时又是最值钱的。不论是一见钟情的少男少女，还是满头银发的老夫老妻，绵绵情话总是说了又说，讲了又讲。然而奇妙的是，就算是说过千万次的一句"我爱你"，仍能激起伴侣的万般柔情，仍能让伴侣收获一份欣喜。大文豪马克·吐温先生就常常把写着"我爱你"、"我非常喜欢你"之类话语的字条压在花瓶下，给妻子一份意外的惊喜。这个游戏他们做了一生，却乐此不疲，彼此都从中感到了快乐和幸福。

　　让你的伴侣开心，你必须多动一些脑筋，让自己的举动总能超出他／她的想象，想方设法给他／她惊喜，送给他／她别的朋友不会送的礼物。这是一个发挥你的创造力和显示你的冒险精神的好机会，也是你向对方表示关心和爱护的好方式。你能做到吗？或许你会以"没有时间"作为借口，但是还有什么比让你的另一半开心更重要的事情呢？

关 键 点 拨

1. 你要讨好的这个人不是别人，他／她是你的伴侣、你的知音、你的财富。

2. 不要以"没有时间"为借口，还有什么比让你的另一半开心更重要的事情呢？

懂得何时倾听，何时行动

懂得何时找出工具箱和一捆短绳，何时泡上一杯茶，并充满同情地聆听，实在是一项需要学习的技能。

对于性子急或者过于热心的人来说，遵守这条法则或许会有些难度，因为当这类人听到朋友有困难的时候，他们通常会急于采取行动，试图用自己的一己之力将所有的困难化于无形。他们似乎不在意将要面临什么样的挑战，似乎只要他们采取了行动，自己就会有一种自豪感。

实际上，有时候朋友向我们倾诉自己的苦恼的时候，并不期望我们立即站出来展示自己的男子汉气概，拯救其于水深火热之中，或者独自为其撑起一方晴空。朋友期望我们做的，也许仅仅是坐下来倾听，期望得到我们的同情和一个可供依靠的臂膀。朋友只需要我们在听完诉说后能够安慰性地说一句："是啊，遇到这种情况真是难为你了。"有时候，我们只需要扮演一个咨询顾问的角色，全神贯注地去倾听并伴之以充分的眼神交流。但是，这看起来很容易做到的事情偏偏最难以实行。我们常常会表现出为朋友两肋插刀的气概，立即着手替对方出谋划策，却不知这个时候朋友已经有些哭笑不得了。

为了证明倾听的重要性，我们不妨来看这样一个故事，虽然这个故事的主人公并不是伴侣关系，但道理是相通的。

　　戴尔·卡耐基先生在出席一个宴会的时候，他的邻座是一位渊博的植物学家。这位植物学家颇为健谈，但是由于他的话专业性太强，并没有引起人们太大的兴趣。在出席宴会的十几个人中，似乎只有卡耐基一个人是这位植物学家忠实的听众。长达数小时的宴会中，卡耐基一直安静地倾听，并适时表现出惊讶、不可思议、恍然大悟等的表情，偶尔还请教几个无关轻重的小问题。午夜过后，宴会终于结束了，在同主人告别的时候，这位植物学家不断地夸奖卡耐基，说卡耐基是最受人尊敬的客人，是最有趣的谈话家等等。事实上，卡耐基在整个过程中说过的话仅寥寥数句而已，植物学家之所以如此热情地赞扬他，是因为卡耐基的倾听使他感到极大的满足和由衷的高兴。事后，植物学家和卡耐基成了真正的朋友。

　　是的，很多情况下，倾听是我们对任何人的一种最好的恭维，你的伴侣自然也包括在内。

　　当然，有时候我们自己也需要一个忠实的听众，也希望我们的伴侣能够老实地坐在那里听自己说一些事情。但是，我们需要注意时间，不要和伴侣抢发言权，建议你先倾听伴侣的话，让他／她把自己的情绪发散完，那么，接下来他／她一定会很乐意听你讲了。相反，如果你不注意时间，和伴侣抢发言权，那么双方就会不欢而散。比如生活中常常会发生这样的事情：丈夫气喘吁吁地跑回家，兴奋地对妻子说："亲爱的，今天真是一个伟大的日子，我被叫入董事会了，向董事们做了一个报告……""是吗？"妻子漠不关心地打断丈夫的话，说道，"那很好，今天来了一个修火炉的人，他说我们的火炉该换了，你等会儿去看一看好吗？""没问题！"丈夫答应道，"哦，刚才我说到哪里了？对了，董事们对我的报告很感兴趣……""还有，孩子的事情，"妻子又一次打断丈夫的话，"他这学期的成绩太糟了，你得去教训教训他。""好了，我知道了，你不要再说了！"丈夫大吼道。"怎么了，难道你就这么讨厌我说话吗？"妻子也叫起来，于是一场争吵又开始了。瞧，如果双方有一个人能明白"先倾听、后诉说"的道理，他们也不至于闹矛盾。

　　但是，也有一些人，他们不需要什么安慰和同情，也不期望和朋友进行心灵之间的交流和对话，他们需要的就是一个对策、一份帮助、一双温暖而有力的手。这样一来，他们的所有问题就都与情感无关，而只是需要冷冰冰的、生硬而实际的解决措施。面对这样的朋友，你就需要一套与前面完全不同的应对措施。这个时候，豪气干云、义不容辞等可能会让朋友更加欣赏。总之，我们要站在朋友的角度去考虑，弄明白他们需要的是什么，然后决定自己采取什么样的行动。无论如何，懂得何时倾听、何时采取行动都是我们应当拥有的一项非常重要的技能。

　　也有一些问题是没有应对措施的，我们所能做的只能是听朋友诉说，并适时地表达我们对其遭遇的同情，流露出我们的悲伤或是震惊，并陪伴他／她度过这段艰难的时期，让他／她感到我们的真诚和善良。不管怎么说，有必要再重复一遍：懂得何时找出工具箱和一捆短绳，何时泡上一杯茶，并充满同情地聆听，实在是一项需要学习的技能。

关 键 点 拨

1. 很多情况下，倾听是我们对任何人的一种最好的恭维，你的伴侣自然也包括在内。

2. 我们要站在朋友的角度去考虑，弄明白他们需要的是什么，然后决定自己采取什么样的行动。

对你与伴侣共同的生活充满激情

你在某种程度上已将自己的一生与某个人的幸福挂上了钩。

你和你的伴侣相遇相知，在庄严的氛围中许愿"执子之手，与子偕老"的时候，你的内心一定洋溢着幸福和甜蜜。但是，你们想过怎样与自己的另一半"共度一生"了吗？两个人在一起痛苦地一天天熬日子，完全没有心灵之间的沟通和默契，这对于珍贵的生命来说实在是一种灾难，这种活法并不值得坚持。你们俩必须对共同的生活充满激情，两个人要长相厮守，需要一个坚韧的纽带来维系。在这个基础上，两个人共同体验生活，一起朝着梦想前行。爱情从来不会降临在那些半死不活的人身上，也不会青睐酣睡不醒的人，更无意去碰那些不愿付出努力的人。为了让爱情常伴左右，你必须时刻保持清醒，让自己的步调和伴侣的保持一致，并且和他／她拥有共同的梦想和目标。为了不让爱情在平凡的生活中蒙上灰尘，我们必须时刻对生活充满激情。

两个人在常年的相处中，总有高峰和低谷，有时候会感到兴奋和激动，有时候又会出现一些磕磕碰碰，有时候却会感到无聊和乏味。生活总是这样，每种情况似乎都是不可避免的。但是，你要清醒地意识到，你的一举一动关乎另一个人的幸福；同样，你在某种程度上也将自己的幸福和这个人挂上了钩，这个人就是你的另一半。你必须付出热情和努力，全力地去支持和关注你的另一半，同时也尽可能地挖掘出自己体内所蕴藏的力量和斗志。两个人共同努力，才能给自己和对方都带来幸福。

对此你或许会不以为然——幸福是自己的，怎么会同别人产生关联呢？如果是这样，那么你和你的伴侣携手生活又有什么意义呢？你无法回答这个问题，因为两性关系的真正意义就是在有生之年让对方感到幸福。你必须认真地去关心你的另一半，时刻让自己的内心充满爱，真心地希望你的伴侣能够成功、快乐，拥有一个完整的人生。如果你办不到这一点，就不能说自己的伴侣关系是成功的。

要让你的伴侣感到兴奋，让你们的家庭生活永远充满激情，真诚地欣赏对方是必不可少的。让我们先来看看一个有趣的故事，虽然这个故事明显不是真的，但是它证明了一个真理：有一位农家妇女在忙碌了一天之后，在她丈夫的面前放了一堆草。丈夫顿时火冒三丈，大声吼道："你是不是发疯了！"妇女若无其事地回答："哦，我怎么知道你注意了？我为你做了整整20年的饭，在这漫长的岁月里，我从未听过一句话能让我知道你吃的不是草。"是的，如果你对自己伴侣的付出无动于衷，你认为那是他／她应该做的，那么你们的生活怎会有激情？学会真诚地欣赏你的伴侣，让他／她感到自己的努力得到了回报，让他／她感到高兴和幸福。如果你这样做了，你的家庭生活就会活色生香。在好莱坞，婚姻从来都是一件充满风险的事情，以至于连保险公司都不愿为它担保。在少数的快乐婚姻中，巴克斯德是其中一个。巴克斯德的太太本来是一位舞蹈演员，为了和巴克斯德结婚，她毅然终结了自己的艺术生命。这是一件很痛苦的事情，因为她再也不能享受演出成功后观众们热烈的掌声和赞美了。然而，事实上巴克斯德夫人从未感到过寂寞或者难过，她每天都像一个快乐的天使。为什么会这样呢？巴克斯德说："我尽力让她感觉到我的鼓掌和称赞。要知道，一个女子在她丈夫的真诚与欣赏中所得到的快乐，是其他快乐所不能替代的。如果她感到了快乐，那么我的快乐也就有着落了。"所以，要保持家庭的快乐，要使家庭生活永不沉闷、永远充满激情，就要记住，给予对方真诚的欣赏是至关重要的。

漫长的人生道路上，你通常只有一个共度余生的伴侣，无论遇到怎样的坎坷，你们俩都要相扶相携共闯难关。他／她是你生命中最重要的人，难道你们不应该在相互信任和高度负责的基础上分享快乐和追逐幸福吗？你们应该不断加固而不是不断磨损两人之间的纽带，应该去追寻个人和婚姻的双重成功，只有这样，你们才能在婚姻关系中获得最大的益处。要知道，你的伴侣并不仅仅是在你感到苦闷或者孤单的时候陪你聊天的对象，他／她来到你的身边完全是出于爱，他／她在付出爱的同时也渴望得到你的爱，而只有双方都真诚地对待对方，你们才能真正体会到两性关系的愉悦。所以，你有足够的理由把自己的生命发挥到极致，时刻对你和你伴侣的共同生活充满激情，难道你不这么认为吗？

关 键 点 拨

1．为了不让爱情在平凡的生活中蒙上灰尘，我们必须时刻对生活充满激情。

2．要让你的伴侣感到兴奋，让你们的家庭生活永远充满激情，真诚地欣赏对方是必不可少的。

保持对话和交流

　　倘若伴侣之间没有了对话和交流，两人的关系必定是出了问题。如果我们不与伴侣交流，那么两人的长相厮守又有什么意义呢？

　　伴侣之间需要保持对话和交流，这是维持健康伴侣关系必不可少的条件。在我们身陷困境的时候，伴侣的安慰和鼓励可以帮助我们脱离沮丧的泥淖；当我们取得成功或者赢得其他令人兴奋的成就的时候，需要伴侣来分享我们的快乐。倘若伴侣之间没有了对话和交流，两人的关系必定是出了问题。如果我们不与伴侣交流，那么两人的长相厮守又有什么意义呢？

　　对话和交流是如此的重要，它可以帮助我们更好地了解伴侣，它会让我们学会与伴侣分享生活中的一切，让我们和伴侣更紧密地融合在一起。我们有必要学习一下这方面的技巧。以下是对话和交流方面最基本的法则：

　　● 确定你和你的伴侣每天都讲话了，当然一声叹息或者一句含糊不清的嘟囔可不算。

　　● 当两个人待在一起的时候，每隔一段时间发出一些声音，示意对方你还醒着、你还活着；当对方跟你讲话的时候，你要表现出对对方的话很感兴趣、正在仔细聆听对方的诉说。你可以点一下头，或者发出鼓励的声音（如哦、喔等等），让对方继续讲下去。

● 你要明白，作为一个爱人或者伴侣，你有责任去和对方交流，如果你能擅长此道，那是最好不过了。

● 两性关系必不可少的性生活也离不开交流，无法想象两个沉默的人会全神投入到做爱中去，只有通过交流，性生活才能更趋和谐。

● 当两个人出现矛盾的时候，对话和交流可以帮助我们解决问题，而沉默无语只会加剧事情的严重性。

● 想想吧，你当初之所以能和伴侣坠入到爱河中，不正是通过交流才让你更钟情于对方的吗？而今，交流和对话依然能促进你们感情的深化，并且坚定彼此共度余生的信心。

虽然在有些时候、有些地点沉默也是必不可少的，但是长时间的沉默则意味着你们的关系出现了问题，它将对伴侣关系的发展产生严重的负面影响。只有通过对话和交流才能扭转不时出现的矛盾，有益于伴侣关系的健康。是的，情感的交流有很多种渠道，但是语言的交流无论到什么时候都是必不可少的。如果你对此不以为然，那么我们不妨来看看艾莉的例子。

艾莉的婚姻刚刚进入第三个年头，她就和丈夫分居了。为什么会出现这种情况呢？艾莉这样对律师说："他一定是有问题，也许他对我们的婚姻失望了，每天回到家里都很少和我说话，吃完饭就一屁股坐到沙发上若无其事地看电视，两眼盯着屏幕一直到深夜，好像根本没有意识到我的存在。看完最后一个节目后，他就一言不发地爬上床，有时候甚至不问我是否劳累、是否有兴趣，就要求做爱。他连一句多余的话都没有，没有甜言蜜语，也从不向我提起工作和生活中的事情，仿佛所有的话都在结婚以前说完了。这实在是让人难以忍受。在这样的家庭里，我连一分钟都待不下去了。"

瞧，艾莉要求的并不是什么奢侈品，只是希望能和伴侣交流，为什么不能满足她这个小小的要求呢？难道她的丈夫真的希望家庭分裂吗？

　　当然，对话和交流也不应是闲聊或者不知所云的东拉西扯，这样必然会减损伴侣间对话和交流的兴趣，而一旦双方都不愿意和对方交流，那么本应如温馨港湾的家就会变成冷冰冰的牢狱。如果你们需要鼓起勇气才敢打开家门，那么劳燕分飞就会成为定局。所以，伴侣间交流的质量也是你必须要注意的。

关 键 点 拨

1. 对话和交流是如此的重要，它可以帮助我们更好地了解伴侣，它会让我们学会与伴侣分享生活中的一切，让我们和伴侣更紧密地融合在一起。

2. 只有通过对话和交流才能扭转不时出现的矛盾，有益于伴侣关系的健康。

3. 伴侣间交流的质量也是你必须要注意的。

尊重伴侣的隐私

如果你觉得自己想要侵犯某个人的隐私，那么，你就必须花点时间好好地审视一下你自己，并弄清你为何会有这种想法和倾向。

在我们所有的权利中，隐私权是最神圣不可侵犯的。即便是与你关系最亲密的伴侣，他／她也有权维护自己的隐私权，对此你必须给予伴侣足够的尊重。同样，你也可以要求你的伴侣尊重你的隐私权。

如果你无法做到这一点，无法去尊重对方的隐私权，也无法保护自己的隐私权，那么你必须反省一下你们之间是否还存在着信任和尊重。如果你得到的答案是否定的，那么你应该意识到你们之间的关系是不正常的、不健康的，也就是说你们之间的关系还没有上升到伴侣的高度。你必须设法改变这种情况。如果你不打算在这方面做出努力，那么你们之间的关系必然会出现更大的危机。拿破仑·波拿巴失败的婚姻或许可以给你一些启示。

路易·波拿巴是拿破仑一世的侄子，法国的皇帝。他爱上了西班牙美女郁金尼·德伯，并不顾一切地与她结为连理。这对新婚夫妇拥有健康、财富、权力、名誉、美貌、爱情和信仰等几乎所有幸福的条件，然而他们婚姻的圣火却没有发出耀眼的光芒，而是很快地熄灭了，化为了毫无生气的灰烬。这一切皆源于郁金尼的多疑和妒忌，源于她肆无忌惮地侵犯丈夫的隐私。她拒绝路易·波拿巴独处，千方百计地打听他和别的女人之间的一切事情，擅自进入他的书房翻阅他的公文和信件。可怜的路易·波拿巴贵为一国之主，却不能保护自己的隐私。偌大的皇宫里，甚至没有一个小橱是真正属于他的。他对这段婚姻感到绝望了，于是开始频繁地约会秘密情人。他们之间原本可以无比美丽、无比绚烂的爱情就这样死亡了。

假如你发现你的情侣总是避免和你谈某件事情，你就应该知道，这件事情是他／她的隐私，你不能通过下述方式去获悉此事：

- 哄骗
- 威胁
- 情感敲诈
- "行贿"
- 阻止伴侣享受他／她本应享有的权利
- 用偷偷摸摸的方式去刺探事情的真相

尊重伴侣的隐私不仅仅是指不私自拆启他／她的信件或者邮包、不偷听他／她的电话留言、不私自查阅他／她的电子邮件，还包括要给你的伴侣一个私密的空间，比如要保证他／她能够独自沐浴。我们每个人都要在生活中保存一份优雅和尊严。事实上，专用的浴室是标准的底线，两人合用一间浴室本已不妥当，更不用说是选择在同一时间共用了。你可能对这里提到浴室感到莫名其妙，实际上这很重要，两个人共用一件浴室是不合情理的、无益于两人关系发展的，也是毫无必要的。英国前首相温斯顿·丘吉尔就曾说过，他的婚姻之所以能够持续四五十年保持稳定，很大程度上得益于他和妻子没有共用一间浴室。所以，如非迫不得已，请不要和你的伴侣共用一间浴室，并且不要去侵犯他／她的隐私权。当然，这条法则不仅适用于伴侣之间，你完全可以把它扩展到世界的每一个人身上。

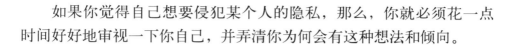

　　如果你觉得自己想要侵犯某个人的隐私，那么，你就必须花一点时间好好地审视一下你自己，并弄清你为何会有这种想法和倾向。

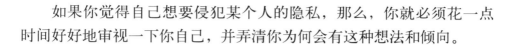

关键点拨

1. 如果你无法去尊重对方的隐私权，也无法保护自己的隐私权，那么你必须反省一下你们之间是否还存在着信任和尊重。

2. 我们每个人都要在生活中保存一份优雅和尊严。

两人应有共同的目标

在人生的路途上，你必须时不时地进行检查，以确保你与伴侣正使用着同一张"地图"。

当我们爱上一个人的时候，我们以为自己对对方已经足够了解了，我们觉得自己与对方之间存在许多共同点，总能找到共同的语言。也正是因为如此，彼此才会走到对方的身边。我们理所当然地认为，如此天造地设的一对就像是一枚硬币的两面，必然能够携手走过漫长的人生道路。我们对此充满了信心，这也是为什么我们与对方互换戒指的原因。

然而，我们对未来的生活过于乐观了，我们把对方想得过于简单了，或者说我们没有站在对方的角度去考虑问题，而是理所当然地认为对方一定会和我们保持一致。事实上，人生的道路并非坦途，中间可能会有大山、大河挡路，有时候，这条大路还不得不暂时分叉。如果你和你的伴侣不能保持一致的方向，那么，你们很可能走上不同的道路，甚至永远地丢失了彼此。因此，在人生的路途上，你必须时不时地进行检查，以确保你与伴侣正使用着同一张地图，正朝着同一个目标前行，确定对方的双脚还停留在预定的轨道上。

是的，我们需要一个共同的目标，但是每个人对共同的目标都有不同的理解。你以为你和你的伴侣共同的目标应该是尽快买下一套时尚而舒适的房子，而你的伴侣却认为你们应该先考虑买一辆豪华的跑车。如果你们都天真地认为对方和自己的想法一样，那么最终总有人会走上岔路。所以，你必须经常通过对话和交流弄清楚对方是怎样定位你们的共同目标的，然后把对方的目标和你自己的目标对照一下，看看二者之间是相差十万八千里，还是十分接近，甚至根本就是一模一样的。如果是后者，那当然是一件值得欣慰的事情；如果不是，你应尽力去缩小二者之间的距离。也只有如此，你们的共同生活才会充实而红火。尼克·亚历山大和他的妻子特丽莎堪称是这方面的楷模。

亚历山大结婚不久，经妻子的同意以后，决定开办一家房地产公司，为此他们拿出了所有的存款，特丽莎甚至把订婚戒指都卖掉了，以增加他们那小小的投资。公司开业以后，生意兴隆，亚历山大和太太又有了一个共同的目标，那就是买一栋海滨别墅。经过几年的努力，他们实现了这个目标。后来，他们的孩子渐渐长大了，为了使孩子得到最好的教育，他们又开始共同谋划。忙完了孩子的事情之后，亚历山大和特丽莎又开始为他们共同的退休保证金而努力。亚历山大和特丽莎一直都过着一种充实、忙碌、成功的生活，因为他们面前总有一个共同的目标，这个目标是他们通过协商之后达成的，所以他们彼此都愿意为此而付出自己最大的努力。

除了要有共同的目标之外，你还要分清共同的梦想和共同的目标之间的差异，不能把共同的梦想和共同的目标相混淆。我们都有自己的梦想，梦想可能天马行空，比如你梦想在蔚蓝的海边有一处豪华的别墅；梦想拥有一个像奥运会游泳池一样大的私家泳池；梦想修建一个巨大的酒窖，里面放满了世界各地的美酒；梦想有朝一日能和心爱的人一起去太空漫步等等。而与梦想相比，目标则实在多了，比如你们的目标是生一对漂亮而又聪明的儿女；和伴侣一起退休，到乡下去度过余生；经常性地和伴侣出去旅游；经营一个自己的生意；养一条宠物狗等。总而言之，梦想是你们期望得到的东西，但是它可能永远都不能实现；而目标则不同，它是你和你的伴侣一直想做成的事情，而且通过你们的共同努力，这个目标很有可能会实现。

在这里给大家提一个建议：和你的伴侣一起回顾过往，反思你们是否为一个共同的目标而努力。这种反思和回顾不应是一次自我检讨，而应是一个轻松的任务。它无须过于详细，只要列出一些简单的问题，以证实你与爱人拥有大体一致的目标，但是不需要为未来的共同生活制定一个详细的计划。这样做可以随时修订彼此的方向，有防微杜渐的效果。

关 键 点 拨

1. 如果你和你的伴侣不能保持一致的方向，那么，你们很可能走上不同的道路，甚至永远地丢失了彼此。

2. 和你的伴侣一起回顾过往，反思你们是否为一个共同的目标而努力。

好好地对待你的伴侣

如果你没有把自己的伴侣看作朋友，那么你把他／她看作是什么人呢？他／她的作用或者功能是什么呢？

　　是应该对朋友更好一点，还是应该对伴侣更好一点？有人认为对待朋友应该比对待伴侣更好，理由是：一般情况下，我们对朋友了解得更多，所以也应对之更为忠诚；也有人认为应该对伴侣更好一点，因为我们对伴侣的了解程度比不上对朋友的了解程度。得到这样的两种答案，实在是让人有点啼笑皆非，但是从中我们可以看出：相当一部分人对伴侣的了解程度不够。实际上，伴侣应该是我们生命中最为亲密的人，我们应了解他／她的一切，对他／她比对其他任何人都要忠诚。理想的状况下，伴侣也应该是我们的朋友，而且应该是我们最好的朋友。

　　话又说回来了，如果你不把你的伴侣当作最好的朋友，那么谁是你最好的朋友呢？难道是因为你的伴侣是异性，而你需要一个同性来作为你最好的朋友吗？还是因为你根本没有把你的伴侣看作朋友？如果你没有把自己的伴侣看作朋友，那么你把他／她看作是什么人呢？他／她的作用或者功能是什么呢？要明确地回答这些问题，你必须对此有一个清醒的认识，你必须给你的伴侣一个明确的定位。如果你现在还没有意识到这个问题的重要性，那么你必须进行一番认真地思索。

如果你把你的伴侣看作是最好的朋友，你就应该像对待最好的朋友那样去对待他／她，不干涉他／她的私事，尊重他／她的隐私，将他／她当作一个具有独立意识的、和自己有平等地位的成年人来看待。伴侣间和睦相处本应如此，但是只要你稍微留心观察就会发现，生活中很多夫妻都把对方当作小孩子来对待，唠叨、责备、批评、挑剔、找茬、争辩，没完没了，总是期望对方能按自己的要求和意愿去做事。很显然，这些夫妻对待自己的朋友都不会是这样的。

那么，为什么他们要如此对待这个世界上对自己最为重要的人呢？

我们不妨来设想这样一个场景：你搭乘一位朋友的汽车出门，这个朋友在驾驶的过程中犯了一个愚蠢的但没有造成严重后果的小错误。这时候你会有什么反应呢？也许你不过是在一旁笑笑，或者是将他打趣一番。然后，我们来设想，朋友变成了你的伴侣，他／她在相同的场景里犯了同样的错误，那么你会有下面哪种反应呢？

- 说一些令人难堪的话，让他／她感到自己一无是处。
- 让他／她伤心难过，以至于事情过去了很久依然耿耿于怀。
- 把他／她的这个错误添油加醋并且义愤填膺地讲给别人听。
- 觉得他／她的驾驶技术太生疏，对他不放心，于是在接下来的路程中由你来驾驶汽车。
- 还是像对待一个朋友一样，对他／她笑笑，或者是打趣一番。

毫无疑问，最后一项是最佳的选择。不过你不妨仔细观察一下，身边的那些伴侣们在遇到类似情况的时候是如何做的。

关 键 点 拨

1. 理想的状况下，伴侣也应该是我们的朋友，而且应该是我们最好的朋友。

2. 如果你把你的伴侣看作是最好的朋友，你就应该像对待最好的朋友那样去对待他／她。

感到满足就足矣

> 期望和自己的伴侣之间永远都有像坐过山车一样的刺激存在，这就说明，你还没有完全认识到什么才是成熟的爱。

快乐是一种非常虚幻的东西，你无法实在地把它握在手中，也不可能像追逐其他东西一样去追到它。如果花费大量的时间和精力刻意地去追求快乐，那么你最终得到的结果通常是徒劳无功。这是一个很简单的道理，但是生活中却有相当一部分人弄不明白。为什么这么说呢？你可以试着去问身边的人："你在生活中最希望得到的是什么？"他们中相当一部分人会笑着回答："没有什么，只要快乐就足够了。"如果你问他们对自己的孩子有什么期望，他们也将回答："无论孩子做什么，只要他们感到快乐就行了。"这些人对自己、对孩子的期望都是得到快乐，他们以为这是很低的要求，实不知这是最虚无缥缈和最难以实现的。

快乐就像是情感光谱的一端，而痛苦则处在这个光谱的另一端，二者都是一种极端的状态。并且在这种极端感情出现的过程中必然还伴随着其他极端的感情，也就是说你永远得不到纯粹的快乐。回想一下自己经历过的快乐时刻，比如你第一个孩子的出生。孩子出生前你有过烦躁不安吗？有过激动吗？孩子成功降生后，你有没有长吁一口气的感觉？可能直到抱到孩子的那一刻，你才会感到异常快乐。

"没有最好，只有更好"这句话用作广告语，可以体现商家的精益求精。对于快乐，我们似乎也有种精益求精的精神。比如，人们常常认为长假来了，他们可以好好地放松一下，可以寻求刺激，可以暂时地无忧无虑，这样一定会让他们感到非常快乐。但是事实却并非如此，他们还是觉得自己不够快乐，如果能去非洲旅行的话，如果能到海边度假的话，如果……就更好了。他们总希望自己更快乐一点，实现目标后，他们会要求得更高。这就使得所谓的"快乐"永远都不会有一个制高点。因此，我们为自己定的目标应该是"感到满足"，而不是感到"快乐"。感到满足更容易实现，也更值得我们去努力。

在伴侣关系中，这条法则尤其适用。大多数人都期待能为爱疯狂、为爱神魂颠倒，都渴望自己能和伴侣擦出爱的火花，渴望爱情能像美妙的焰火一样让你永远都有胸口撞鹿的感觉。诚然，这种感觉刺激而美妙，但就像昙花美丽只开一夜、流星绚烂一闪而过一样，这样强烈的爱情是不会持久的，而是总会在某个时间冷却下来。当炫目的火光逐渐消逝，当激烈的情感逐渐平淡，你最终的归宿只有满足，从此你将生活在一种平静而纯粹的幸福之中。

你或许会认为这种平静而纯粹的生活过于乏味，你期望和自己的伴侣之间永远都有像坐过山车一样的刺激存在，这就说明，你还没有完全认识到什么才是成熟的爱。罗格·梅伊博士曾在《人的自我追寻》一书中这样写道："能够付出和接受成熟的爱，是一个符合我们为完全人格所定的所有标准的人。"那么，什么是成熟的爱呢？首先，成熟的爱中没有占有、自负、姑息和依赖。想想吧，当我们说"我爱"的时候，真正的意思却是"我要"、"我想拥有"。我们认为爱就应该时刻充满激情，时刻有令人兴奋的情感冒险，总能让人登上快乐的巅峰，我们认为这才是真正的爱。实际上，你认真地想一想，那不过是你自己的需要罢了。爱绝不限于年轻美貌之人，也许老人才更能体会爱的真谛。看着白发苍苍的一对老人携手走在黄叶飘落的小路上，没有甜言蜜语，没有刺激浪漫的画面，在他们脸上，有的只是一种平和与安详，一种历经世事后的满足。从他们紧牵着的手上，你会真切地感受到，他们的爱已瓜熟蒂落。

　　因此，如果你发现自己在和另一半的相处中没有火花，没有一阵接一阵的心悸，没有跌宕起伏的情感，有的只是一点儿满足、一丝融融的爱意，那么你的爱情已经了无遗憾，你应该为此而感到庆幸。

关 键 点 拨

1. 当炫目的火光逐渐消逝，当激烈的情感逐渐平淡，你最终的归宿只有满足，从此你将生活在一种平静而纯粹的幸福之中。

2. 如果你发现自己在和另一半的相处中没有火花，没有一阵接一阵的心悸，没有跌宕起伏的情感，有的只是一点儿满足、一丝融融的爱意，那么你的爱情已经了无遗憾，你应该为此而感到庆幸。

不要苛求你的伴侣
与你遵循相同的法则

最为和谐的夫妻关系中的双方往往都清楚地意识到了法则的灵活程度在两人相处中的必要性。

很多夫妻都认为，两个人既然选择了在一起生活，那么对于两个人来说，一切都应该是相同的，他们必须用同一套法则来约束和规范共同的生活。这是一个误区，如果你真的这样去做，那么你们的生活中难免会出现不和谐的事情。实际上，最为和谐的两性关系中的双方往往都清楚地意识到了法则的灵活程度在两人相处中的必要性，他们不会强求对方来遵守自己所信奉的法则。在一些不是非常重要的领域中，他们甚至能容忍对方按照完全不同于自己的法则行事，这样双方就都不会有被限制甚至是被控制的感觉，夫妻生活也因此少了许多摩擦。

举个例子来说，你和你的伴侣一个特别爱干净，一个则有些邋遢。你们两个都不愿意迁就对方，一个抱怨对方有洁癖，一个则声称另一个把家里弄得像狗窝。这样一来，两人不可避免地会争吵，使得矛盾也随之产生。这个时候，你们应该意识到，两人之间之所以出现摩擦，就是因为你们都期望对方能遵循自己的一套法则，爱干净的一个认为两个人都应该特别爱干净，而有些邋遢的一个则认为不应该把房间弄得像太平间。其实，要解决这个矛盾，方法很简单，你们各自退一步，不要苛求对方来遵循你的生活法则。爱干净的可以保持自己干净的天性，而有些邋遢的在一些方面保持邋遢的作风也无伤大雅。这样各自遵循各自的法则，彼此井水不犯河水，矛盾自然消于无形。

再比如，有这样一对伴侣，其中一个时时刻刻都在挂念着自己的另一半，恨不能在他／她的身上装一个跟踪器，让自己每分每秒都知道对方在什么地方；而另一个对自己伴侣的行踪几乎毫不在意，更不会要求对方就此向自己汇报。在这个问题上，两人遵循着截然相反的法则，如果他们意识不到这一点，则可能会有这样的纷争：一个抱怨伴侣对自己毫不牵挂，一个则认为自己被看管得太严了。针对这种情况，两人可以采取这样的做法：既然一个人如此关注伴侣的行踪，那么另一个不妨在出门前报告自己要去哪里；而另一个既然无意于知道对方在干什么，那么这一个也不妨乐得逍遥自在。这样双方都维护了对方的法则，关系自然也得到了协调。

如果你认为这很难做到，那么我们不妨来看看英国著名的政治家狄斯勒利和他的妻子恩玛莉是如何处理这个问题的。

狄斯勒利是一个风度翩翩、事业小有成就的绅士，而恩玛莉则是一个比狄斯勒利大 15 岁、无知浅薄的妇女，这二人之间的差别非常明显。然而，他们在漫长的婚姻生活中却一直恩爱有加，从没有闹过大的矛盾。他们是如何做到这一点的呢？秘诀就是：不试图去改造对方，不苛求对方遵循与自己相同的法则。对于狄斯勒利政治家的作风，恩玛莉全然接受，并给予充分的尊重；对于恩玛莉有时略显粗俗的话语，狄斯勒利也不以为意。双方都尊重对方的法则，尊重对方的权利，这使得狄斯勒利和恩玛莉这样似乎并不般配的两个人共同创造了一个充满生气的婚姻。

所以，记住这条法则，并努力去实践它，相信这对于你来说并不是一件难事。比如，你的爱人需要常常听你说"我爱你"，这样会让他／她有种幸福感和安全感，而你则没有这种需要，只要求在彼此都被爱的电流袭遍全身、真真切切地感受到爱的暖意的时候听对方说一句"我爱你"。因此，依照你们所遵循的不同法则，对于对方的法则要给予充分的尊重，不加以干涉。你可以尽量满足爱人的需要，常常趴在他／她耳边说"我爱你"，而你的伴侣只需要在适当的时候说一句就可以了。总之一句话：一切都要因人而异，并且灵活对待。

关 键 点 拨

1.各自遵循各自的法则，彼此井水不犯河水，矛盾自然消于无形。

2.依照你们所遵循的不同法则，对于对方的法则要给予充分的尊重，不加以干涉。

第三篇

呵护亲情，
责任重于一切

　　如果你将自己看作是生活圈子的中心，那么距离你最近的就是你的爱人，他／她是与你关系最紧密的人；其次，就是你的家人和你的朋友，这些人是与你相处最频繁、在一起时间最长的人，也是你最爱的和最爱你的人。在这些人面前，你可以解除一切戒备，无拘无束，做回你自己。但是，这并不意味着你可以在与他们的相处中不遵守任何生活法则。实际上，对待他们你仍然要讲究方式方法。

　　在与他们相处的过程中，你仍应该保持你的尊严和荣誉，也应该显示出自己对对方的尊敬。如果你认为自己可以随意用什么方式去对待他们，如果你认为他们根本不会在意你的所作所为，或者说他们能包容你所有的行为，那就错了。如果你不检点自己的行为，那么这些你生命中最不可缺少的人就会渐渐疏远你，我相信你不愿意看到这种情况。所以，你应该担负起责任来，对你的父母和孩子担负起责任来，对你的兄弟和姐妹也要承担一定的责任，对你的朋友们也应履行朋友的职责。

　　在你的生活中，父母、叔伯姑妈、兄弟姐妹、堂兄弟姐妹、朋友、孩子、侄子等都占有一定的位置，你必须让自己融入他们的生活，为此你需要一些法则来作为自己的参谋。因此，接下来若干篇章将给你提供这方面的指导和建议。

在社会生活中，我们不可避免地要与他人打交道。在这个过程中，如果我们想要给别人留一个好印象，就必须形成一套法则来指导自身的行为，只有这样，我们才能做对事情。同样，在处理各种亲近关系时，我们也需要一些法则的指点。如果我们希望自己和家人以及朋友的关系更为顺畅、和谐，那么我们就应该头脑清醒地去考虑这个问题，而不是像很多人一样浑浑噩噩、得过且过。遵循下面将要介绍的法则，你将会更加轻松地改善和家人以及朋友之间的关系，这样不仅有益于你自己，同样也能给别人带去温暖和鼓励。两全其美，何乐而不为呢？

若想交到朋友，你首先要成为别人的朋友

你不应只是与朋友共度美好的时光，也应在他们遇到失败和挫折的时候陪伴他们，鼓励他们，并给予他们力量和勇气。

交一个真正的朋友并不是一件易事，你必须承担起一个朋友的责任。你应该具备忠诚、可靠、开放、喜欢交际、善解人意、和善有礼等种种优点。除此之外，你还会遭遇到许多难题，比如，有时候你需要十分宽容地支持你的朋友，在其需要帮助的时候，给他温暖和支持。但是，同时你也不希望被朋友所利用、欺骗、蒙蔽。也就是说有时候你不知道该不该信任自己的朋友；有时候你对朋友非常坦诚，但是这种坦诚却并不能被朋友所认同；有时候你不知道自己是应该保持沉默，还是应该发表自己的见解，你不知道哪一种方式是朋友所需要的等等。在和朋友相处的过程中，这些难题几乎是不可避免的，你必须学会一些技巧去处理这些问题。

有一位名叫荷马·克洛维的作家深谙交友之道，朋友更是多不胜数。

无论什么人都能和他交上朋友：小孩会爬到他的腿上；朋友家的佣人会特别用心地为他准备晚餐；甚至如果有人宣布"今天，荷马·克洛维将会来到这里"，那么当天所举行的活动必然会座无虚席。是的，这个并不十分成功的作家在其周围人们的眼中犹如一颗耀眼的明星，几乎所有人都对他十分敬爱。他是怎样做到这一点的呢？要知道他并不年轻，也不特别英俊，更没有亿万家财。他之所以拥有那么多的朋友，原因很简单，就是他从不矫揉造作，并且能够让人们感觉到他是在真心地关心他们。他对所有人都很重视，哪怕对方是一个乞丐。他在和别人聊天的时候，从不没完没了地说自己的事情，而是尽量谈对方的事。他不会唠叨个没完，但是会向对方充分地表示自己的兴趣和关心，并借以建立起友谊。

是的，他的交友之道其实并不复杂，总结起来不过一句话：要想使别人成为你的朋友，你必须首先成为别人的朋友。

和朋友相处，你必须明白一点：朋友只是朋友，他们不可能是你的翻版，他们有自己的行为方式和生活法则。如果不巧他们所信奉的法则和你的不一样甚至是冲突的，你一定要理解。要知道在朋友的面前，你要扮演顾问和助手的角色，是牧师和倾听者，也是同伴和知己。想获得一份真正的友谊，你首先要投入热情、决心以及奉献精神，用行动表现出你对这份友谊的重视，同时发挥自己的创造力去为这份友谊保驾护航，让其健康地发展。

这条法则中最重要的一点是，在朋友需要的时候，你应该陪伴在他们身边。你不应只是与朋友共度美好的时光，也应在他们遇到失败和挫折的时候陪伴他们，鼓励他们，给予他们力量和勇气。在朋友遇到挫折的时候，他们身负沉重的压力，他们需要你的安慰，需要你为他们提供一个哭泣时可以依靠的肩膀。这个时候，作为真正朋友的你应该陪伴在他们身边，将你的手帕递过去，轻轻地拍拍他们的肩背，并为他们沏上一杯茶，帮助他们从困境中解脱出来。总之，作为一个朋友，你最基本的责任就是在朋友危难的时刻，竭尽所能，让他们重新开始乐观而积极的生活。

　　作为一个真正的朋友，你应该体察到朋友的心愿，知道什么时候该给他们提出合理而诚恳的建议，什么时候该倾听并保持沉默，你应该有这种辨别的能力。当他们需要陪伴的时候，你不要找任何理由去推托，即使他们的其他朋友能在这个时候出现，你也应不离左右，无论如何你都应该尽到一个朋友的责任。

　　有人曾说过，真正的朋友是这样的：一方踏上飞机，飞到一个你永远都不会去的地方，十年之内杳无音讯。当他／她回来以后，你们彼此没有一丝生疏的感觉，仍然能像过去一样交流，似乎彼此从没有分开过一样。诚哉斯言，好朋友当如是！

关 键 点 拨

1.朋友只是朋友，他们不可能是你的翻版，他们有自己的行为方式和生活法则。

2.在朋友需要的时候，你应该陪伴在他们身边。

腾出时间关心你挚爱的人

> 无论如何，我们若舍得忙里偷闲，将更多的时间挤出来，我们也会得到更多。

某毕业生到一家大公司应聘，面试官最后提了一个这样的问题："你给母亲洗过脚吗？"

"没有。"这位青年犹疑了一下，红着脸答道。

"那你明天再来吧，回去之后给你母亲洗次脚，然后把你的感受告诉我。"面试官说道。

青年满心疑惑地退了出来，虽然不明所以，但他还是照做了。等他把母亲的鞋袜脱掉时，他感觉自己的神经僵了，连血液都停止了流动。他突然明白了为什么面试官会出这么一个问题：母亲的脚干枯极了，像久经风霜的老树皮一样粗糙，像水分尽失的干木棒一样僵硬。十个脚趾均已经扭曲变形，趾甲里藏满了泥垢。脚背上有好几处磨破后又新生的鲜肉痕迹。脚后跟上粘着裂口的白色膏药已经发黑。

青年的眼泪一滴滴地落在母亲的脚上，他仿佛看到了母亲每日的拼命劳作，看到了母亲被生活重担压弯的腰身，看到了母亲强忍着的委屈与疲惫——自从父亲去世后，是母亲一个人在承担自己每年高额的学费啊！

第二天，青年准时到了那家公司，面试官从他的表情中读出了一切，于是立刻叫秘书进来给他安排了职位。后来，这位青年成了一名非常优秀的企业家。

在快节奏的现代社会生活中，我们时常会忽视了亲人和朋友。不知道你有没有遇到过这样的情况：有几个非常亲近的亲人，但是大家并不住在一起。工作一忙起来，常常几个星期甚至几个月顾不上给他们打电话，时间一长，似乎更找不到打电话的理由了，以至于大家渐渐疏远起来。每每回想起来，扪心自问，是真的工作忙得连打个电话的时间都没有了吗？还是自己不在乎那些亲人呢？你可能会抱怨为什么对方不给你来个电话，但是想一想，也许对方也正在这样抱怨着你。所以，不要再找理由了，你应该承认自己做得不够好。

我们必须腾出一些时间来与亲人、朋友们联系。如果你忽视了，而恰巧对方也因为工作忙而忘记了，那么曾经的情谊便会渐渐被时间的流水冲淡。当你回首往事的时候，免不了会为这失去的情感而唏嘘遗憾。偶尔联系一下并不会花费你多少时间，只要你有心，一句问候便会让对方、让自己感到阵阵温暖。同样，对待孩子我们也应舍得抽出时间来。很多父母都有这样的愿望：每天晚上，在孩子临睡前一小时能陪在他们身旁，督促他们洗漱，然后坐在他们的床边，给他们讲美丽的童话故事，看着他们纯净而懵懂的双眸，收获一种为人父母的温柔。是的，无论如何，我们若能舍得忙里偷闲，将更多的时间挤出来，陪陪孩子们，给朋友、亲人打个电话，让这些我们生命中最亲密的人感到幸福，我们也会得到许多。

就算你的朋友、亲人们从没有先和你联系过，你也应主动行动起来，或许他们还没有看到这条法则，而你明白了这条法则的益处却还无动于衷，这就说不过去了。一旦你这样去做了，你就会发现生活变得容易了，多年没有见面的老朋友其实还是那么的友好；一旦你这样做了，你就不会有后悔的机会了，就不会为疏于联系而失去一个朋友感到懊恼了。此外，你还必须学会宽容，如果亲人或者朋友长时间没有联系你，请相信他们并不是不在乎你，只是工作太忙而疏忽了，或者他们在期待着你能主动去联系。总之，如果你想把人际关系处理得更好，你想让友情天长地久，那么请你拿起话筒，主动与他人联系。当别人没能这样对待你的时候，宽恕他们的怠慢，体谅他们的苦衷，这样你就站到了一个更高的道德层面上了。

如果你能遵循这条法则，那么无论生活有多么忙，你都能够多腾出一些时间来陪伴身边那些深爱着你的人，或者和远方的亲人、朋友多多联系。如果你主动迈出了这一步，那么爱你的人必定会在以后的生活中以同样的方式来对待你。另外，你还需要注意一点，多花一些时间陪伴在你爱的人身边，这是理所当然的，你应该很乐意去做，而不是把它当作一种负担。如果你带着不情愿或者敷衍的态度去陪伴他们，那么我劝你还是干脆不要去了。举个例子来说，你因为出差在外而错过了孩子的生日，为了补偿，你决定整个星期日都陪伴在孩子身边。但是，在陪伴孩子的同时，你却放不下别的事情，一会儿赶工作，一会儿看报纸，根本没有加入到孩子的游戏中来，也没有和孩子进行一次深入的谈话。你只是在敷衍，没有把整个身心都交给孩子，这会让孩子有一种被欺骗的感觉。

所以，如果你的母亲、祖母或者一个老朋友打电话过来的时候，你正在忙着手中的活儿，你一定不要一边对着电话筒"唔唔啊啊"地应承，一边忙着在网络上搜索资料。你应该立即放下手中的活，专心与对方通话，或者把自己的情况向对方说明，并问对方是否可以等一会儿你回过去。得到对方的允许后，你一定要信守自己的诺言，忙完手中的工作后，立即打回去。如果你对待自己的亲人总是漫不经心，总有一天你会后悔莫及的。有个朋友就曾在这方面犯过错：那一天，他独自在家做方案，方案明天就需要给总经理过目，时间紧迫，他只得争分夺秒。正忙得不可开交的时候，电话铃忽然响了，这位朋友充耳不闻；接着电话铃又连响了几遍，朋友压不住心头的火气，跑过去把电话线拔掉了。后来他才知道，是他的老祖母病危，临终前想和他说句话。这件事情让这位朋友非常懊恼，不过是几分钟的时间，他却让老人抱憾而终，而现在再怎么自责也已是于事无补了。

因此，对于那些你生命中最重要的人，无论如何都要为他们腾出一些时间来，从今天就开始做。

关 键 点 拨

1. 如果你想把人际关系处理得更好，你想让友情天长地久，那么请你拿起话筒，主动与他人联系。

2. 如果你对待自己的亲人总是漫不经心，总有一天你会后悔莫及的。

不要溺爱你的孩子，放手让他们做想做的事

你不能永远引领他们，否则他们将没有机会汲取教训，将不会学到任何东西，也不会取得进步。

所有家长都希望自己的孩子能过得快乐，能够成为一个全面发展的成功人士。毫无例外，他们对孩子充满了期望，不少人都给孩子设定了人生轨道：成为医生、律师、外交家、科学家、作家、企业家、宇航员甚至是罗马教皇。他们不能容忍孩子踏上歧途，他们认为孩子选择自己的人生轨迹就是误入歧途。他们不允许孩子犯错，恨不能指点孩子的一言一行。他们认为这是爱的体现，实不知这可能是一个很大的错误。

作为父亲／母亲，你应该允许孩子犯错误。你不能永远引领他们，否则他们将没有机会汲取教训，将不会学到任何东西，也不会取得进步。为了帮助你理解这个道理，我们不妨来看一个小故事：

小渔村里住着一位捕鱼技术一流的老人，渔民们尊称他为"渔王"。年老的渔王拥有了一个渔民所能拥有的一切，但是他并不像人们所想象的那么幸福。原来，渔王三个儿子的捕鱼技巧非常平庸。渔王不知

道为什么会出现这种情况，他每天都在向别人诉说自己的苦衷："我真不知道为什么我的儿子会这么差。我从他们懂事起就传授他们捕鱼的技巧，从最基本的织网到划船的要领，再到怎样下网。他们长大以后，我又教他们如何识潮汐、如何辨鱼汛。我把多年来积累的成功经验毫无保留地全教给了他们，而他们的捕鱼技巧却不如那些技术远不及我的渔民的儿子！这到底是为什么？"一天，一位过路人听到了他的诉说，就问道："你是手把手教他们的吗？""是的。"渔王点点头。"他们是一直跟着你的吗？"路人又问。"为了让他们少走弯路，我一直带着他们。"渔王答道。"问题就在这里，你只传授了技术，却没有让他们去接受教训。实际上，经验和教训同样重要，缺少任何一个，都不能成大器！"

经验和教训同样重要，你可以指点你的孩子，但是也要给你的孩子犯错误的空间，这就是这条法则所阐述的道理。

有这样两兄弟，大哥小时候跟随外婆生活，家教比较宽松，有足够大的空间去做自己喜欢做的事情。对于一个小孩子来说，自己拿主意来做事，不可避免地会犯错误，但是大哥则有些离谱，他犯的一些错误甚至可以用"惊天动地"来形容。不过还好，一次次地犯错并没有让大哥丧失信心，相反他总能从错误中吸取教训，并且逐渐学会了怎样做事和怎样与别人打交道。而弟弟从小就待在父母的身边，父母像对温室里的花朵一样护着他，对他的管束极为严厉，他根本没有自由去做自己想做的事情，对于哥哥所做的那些事情更是闻所未闻。长大以后，调皮捣蛋的哥哥生活得很好，成了一个受人尊敬的成功人士。而从小乖巧听话的弟弟却屡遭挫折，过得十分不如意。

为什么二者的生活不像人们从前所预想的那样呢？我想你应该知道其中的秘密。是的，我们必须在年轻的时候给自己犯错的机会，因为那个时候我们更有韧性，更善于学习和吸取教训，也更容易改进和完善自身。

作为父母，我们都深感责任的重大，因为如果教育方式不当，甚至会毁了孩子的一生。虽然我们知道应有犯错误的空间，但是谁又敢拿孩子的未来开玩笑呢？或许正是过于谨慎的原因，作为父母的我们在看到孩子犯错误的时候无法袖手旁观。我们忍不住会跑到孩子身边去保护他们、照顾他们，生怕他们受到伤害后会留下什么阴影，或者是走上歧途。可怜天下父母心，爱护孩子的心情可以理解，但是我们必须清楚：孩子必须经过亲身体验才能真正学到东西，就算是冒着犯错误的风险也应该给他们自由。相反，如果你认为通过苦口婆心的教导就能让孩子不断取得进步，显然你是大错特错了。生活是现实而残酷的，孩子要想在未来的生活中如鱼得水，就必须懂得现实的法则和做人的道理，这些东西是不可能从几本书上或者是电视节目中学到的。打个比方来说，只有烧伤了手，你才会懂得为什么要离火远一点。只有亲身经历了，你才会品到生活的"真味"。作为父母，我们所能做的就是拿着绷带和杀菌剂，等到孩子受伤的时候去给他包扎。是的，就这么简单，孩子长大以后一定会因此而感激你的。

当然，这也并不是让你看着孩子犯错误而无动于衷。你可以在事前问孩子一些启发性的问题，比如"你觉得这是一个好主意吗？""做了这件事以后，会出现什么后果呢？""花那么多的时间和精力去做这件事，你觉得值得吗？""现在做是不是适合？"等等，引导孩子去思考。

关 键 点 拨

1. 我们必须在年轻的时候给自己犯错的机会，因为那个时候我们更有韧性，更善于学习和吸取教训，也更容易改进和完善自身。

2. 孩子必须经过亲身体验才能真正学到东西，就算是冒着犯错误的风险也应该给他们自由。

3. 作为父母，我们所能做的就是拿着绷带和杀菌剂，等到孩子受伤的时候去给他包扎。

尊重并宽容你的父母

　　毕竟，在生活的许多领域中，我们都无法投入高度的热情，也不具备相应的技能，因此无法高效高质地完成任务。

　　或许对你而言，父母做得不够好，他们没能为你营造一个优良的成长环境。但是你要相信，你的父母已经尽力了，他们确实已经做了自己所能做的全部。即使他们的教育和引导方式可能让人难以接受，他们远达不到一个好父母的标准，你也要知道，天下没有一个父母不衷心地希望自己的孩子能一路走好。他们做得不好，可能是因为他们不擅长于教育孩子。事实上，没有人可以保证自己是完美无缺的父亲／母亲，因此，无论如何，你都不能去责备你的父母，也没有资格去怨恨他们。

　　有这样一位朋友，他自小就遭遇了家庭的不幸，父亲很早就抛弃了这个家，从没有尽到一个父亲的责任，而母亲又是一个目不识丁、性格怪僻的人，根本不知道怎样去做一个合格的母亲。在成长过程中，朋友和他的同胞在母亲令人难以接受的教育下或多或少地留下了心理阴影。但长大以后，朋友并没有对自己的父母有任何的抱怨；相反，他尽可能地让母亲过得好，是一个不折不扣的孝子。谈到儿时的生活，他并不避讳母亲所犯的错误，但他同时也认为：作为儿女，自己没有任何理由去埋怨母亲。毕竟，母亲从没有受到过良好的教育，也没有教育子女的天赋，她用一个女人柔弱的肩膀担负起一个家庭的重担，一路走来也遍尝艰辛。没有人可以在所有领域都如鱼得水，抚养孩子是生活中最为艰辛的领域之一，母亲在这个领域内没有做好，也情有可原。

那么父亲呢？那个抛妻弃子的不负责任的父亲，他应该受到谴责吗？朋友摇了摇头，给出的答案仍然是否定的：诚然，作为一个父亲，他的所作所为确实让人无法接受，但是或许他也有难言的苦衷。我们不知道他究竟是出于一种什么样的心理做出这样的选择的，因此对于他的所作所为也不能妄加评论。如果你真想对这件事情发表评论，那么你必须使自己设身处地地站在父亲当时的角度，你要全面地了解他所面临的情况，这显然是无法做到的，所以你永远都没有资格去责备他。

对于这个朋友的理论，你或许无法接受，因为按照这个理论，无论父母对你做了什么，你都不应该去责备他们。然而，你不得不承认朋友的理论也不无道理。毕竟，如果没有你的父母，你根本不可能存在于这个世界上，仅凭这一点，你就应该去尊重父母、宽容地对待他们。此外，我们都知道，对于未曾接触过的事情，自己通常难以做好。父母也一样，也许他们在成长过程中没有得到过完全的接纳和无条件的爱，所以他们也不懂得这样来爱我们；也可能是因为社会发展得太快，各种观念纷至沓来，父母无法很好地适应，他们缺乏足够的知识和经验来更好地引导我们，因此对我们造成一些伤害也是情有可原的；也有的父母对心理健康的知识知之甚少，所以对孩子的爱不够全面和深入，这也是无可奈何的事情。总而言之，对待父母，我们应采取这样的态度：如果你认为他们是好父母，请你告诉他们，并用自己的行动表达自己的爱；如果你认为他们是不称职的父母，请你原谅他们并宽容地对待他们，然后振作起来继续前进。

作为子女，我们有责任也有义务尊重父母，我们必须和善地对待父母，而且要比他们对待我们还要好。即使他们做的事情让你感到不解甚至是不满，你也不能心存怨恨，而应宽容地对待他们而不是品头论足。只有你这样去做了，你才可能摆脱不幸的身世所带给你的负面影响，并且在未来的人生中获得成功。

关键点拨

1. 没有人可以保证自己是完美无缺的父亲／母亲，因此，无论如何，你都不能去责备你的父母，也没有资格去怨恨他们。

2. 如果没有你的父母，你根本不可能存在于这个世界上，仅凭这一点，你就应该去尊重父母、宽容地对待他们。

支持并鼓励你的孩子

他们的决定或选择会经常性地被身边的大人们全盘否定，可以说，"不"这个词对他们的生活造成了太大的影响。

现在，让我们来讨论一下，怎样做一个称职的父亲／母亲，或者说作为人父／人母，你应该扮演一个什么样的角色或者发挥什么样的作用。你首先应该做到的，就如这条法则所说的，支持并鼓励你的孩子。实际上，这条法则应该扩展为支持并鼓励所有的孩子，不仅仅是你的孩子。

生活中，有很多孩子得不到父母和长辈的鼓励，他们的决定或者选择会经常性地被身边的大人们全盘否定。可以说，"不"这个词对他们的生活造成了太大的影响。例如，父母或者长辈们常常会不自觉地对孩子们这样说："不行，你不能做××事"，"不行，你还太小，这件事你做不了"，"不行，你不能去那里"，"不行，你不能看那部电影"，"不行……"等等。这样的话总是脱口而出，似乎只有否定孩子的想法才能突现出长辈的权威，而他们却没有注意到这样会打击孩子的积极性，让孩子感到沮丧。过多的、过于频繁的否定会让孩子变得畏首畏尾，我们应该摒弃这种习惯性的做法，学会对孩子说"好的"。当然了，这也并不意味着你可以纵容孩子去做任何事情，你有责任结合孩子的年龄和他所做的事情，给其适当的指点和建议。如果孩子的想法实在不可行，你可以在"好的"之后加上一句"但是，现在做还不是时候"或者"等你长大了，有了知识和技能之后再去尝试"等，这样就能很好地保护孩子的自信心。

作为孩子的家长，我们都希望能够保护好自己的孩子，使他们免受伤害和失败的困扰。但是，就像温室里的花朵经受不了现实的风霜一样，在父母的庇护下成长的孩子，也不可能在未来的生活中出人头地。因此，我们应该收起"做这个太危险"或者"你肯定会失败的"等话语，换之以鼓励孩子去尝试有意义的活动，锻炼他们独自处理问题的能力。有时候，我们甚至应该推孩子一把，促使他们走出温暖的家，并且把自己多余的担忧搁置在一旁。

事实证明，成功的父母都是那些常说"加油！""你们做得很好！""你们将会做得更好！"之类的话的人。毫无疑问，正是这些激励的话语让他们的孩子树立起了自信心，并且在后来的人生道路上取得了成功。反观那些经常对孩子说"不"、经常否定孩子想法的家长，他们的孩子往往在长大后表现出自信心不足、自尊心不强的缺点。

她是一个柔弱的女性，却非常有主见，还有着强烈的自尊心。工作中，她的举手投足总能表现出强烈的自信心和领导能力，所以年纪轻轻便坐到了让人羡慕的位置上。有人问她为什么会这么自信和有主见，她笑着给对方讲了一个儿时的小事：小时候，父母对于她的决定基本上不予干涉，而是鼓励她自己去尝试。在6岁的时候，她突发奇想，要做一位芭蕾舞者，于是央求父母给她找老师。虽然当时她年龄尚小，但是在身高等各方面的体征已经显示出她不适合在芭蕾舞方面发展。父母当然清楚地知道这一点，但是他们并没有立即否定孩子的想法，也没有劝她去尝试别的项目如体操等，而是顺应她的要求，给她报了一个芭蕾舞培训班。结果，练习了一天之后，身体上的酸痛便让她意识到自己不适合芭蕾舞。几经考虑以后，她做出了放弃学习芭蕾舞的决定，很显然，她的这个决定同样得到了父母的赞同。在这个过程中，她是绝对的主角，父母所扮演的只是一个辅助者和鼓励者的角色。

这只是主人公儿时的平凡小事中的一例，从中我们可以看出，正是从这些小事中，她学会了自己思考，而不是唯家长马首是瞻，她懂得了自己的重要性，同时知道了应为自己的选择负责，这就是她后来获得成功的秘密所在。

所以，如果你想让你的孩子在将来能够更好地发展，请去鼓励和支持他们。无论他们想做什么，都不要试图干涉、阻止他们，不要在他们面前表达你的顾虑，也不要限制他们的梦想和希冀，更不能用任何方式让他们感到气馁。你所要做的就是：指导他们，给他们提供有价值的资源，帮助他们实现心中的梦想。他们是否获得成功并不重要，关键在于他们获得了亲身实践的机会，并从这个机会中获取了经验或者教训。

关 键 点 拨

1. 似乎只有否定孩子的想法才能突现出长辈的权威，而他们却没有注意到这样会打击孩子的积极性，让孩子感到沮丧。

2. 有时候，我们甚至应该推孩子一把，促使他们走出温暖的家，并且把自己多余的担忧搁置在一旁。

别轻易借钱给别人

如果你十分看重或珍视某一样东西，那么，你就不应随意将其借给他人。

不要借钱给别人，包括你的亲戚、孩子、兄弟姐妹，甚至是父母，除非你不在乎他们是不是还钱，或者你不在乎与他们之间的关系。如果你十分看重或者珍视某一样东西，那么，你就不应随意将其借给他人。因为借出这类东西，你必然期盼别人及时归还；倘若别人不能如你所愿，你再去讨要，必然会损坏两人之间的关系。有一则关于王尔德的趣事：

奥斯卡·王尔德曾向一位朋友借了一本书，后来忘了归还。很长一段时间以后，那位朋友上门来讨要自己的书。但是，这个时候，粗心的奥斯卡早已不知将书扔到什么地方去了。朋友生气地质问："你不归还书，是不是在破坏我们之间的友谊？"奥斯卡听了之后，平静地回答："是的，我的做法损坏了我们的友谊。但是，你上门来索要，是不是也破坏了我们之间的友谊呢？"

这位朋友的质问可谓理直气壮，奥斯卡·王尔德的回答也不无道理。但是，无论如何，两人的友谊经这两番破坏，恐怕已千疮百孔了。因此，如果你曾经借过钱或者其他自己珍爱的东西给别人，那么除非万不得已，你以后就不要再这样做了；倘若你已经把钱或者其他东西借给了别人，而且还想维持和这个人之间的关系，那么你就不要再热切地渴望对方及时归还借物。如果最后这个人将东西归还给了你，你应把这件东西当作额外的红利；如果对方最终没有把东西归还你，也不要对这个人心怀怨恨，要怪只能怪你自己。

很多父母将钱借给孩子，认为这是爱的体现，实不知两代人之间的许多不和都源于此。因为，鉴于双方之间的亲密关系，孩子很可能不再归还这笔钱。父母免不了会为此而感到失望，甚至是伤心。其实，遇到这种情况，父母应该想开一点。孩子在成长的过程中，你们不断在他们身上投入金钱和精力，从没有过要他们还钱的意思。现在，孩子长大了，他们需要钱去启动自己的事业或者继续求学，而这个时候你却说现在只能贷款给他们而不是无偿捐赠，孩子势必会接受不了。所以，如果你真把钱当作贷款给了孩子，并期望孩子能如数归还，这是非常不现实的。因此，你只能权当又奉献了一次，不要在孩子面前表现出不高兴，不要去破坏你们之间的亲情，并警告自己，下一次不再"贷款"给孩子了。

对于朋友，这条法则依然适用。如果你借东西给别人以后，总是期望别人尽快归还，那么你还是不要借出东西了。毕竟，你没有义务，也没有必要借给任何人东西。一旦借出了东西，你最好当作丢掉了或者是捐赠了这个东西，不要再想着去追讨，那样只会让你陷入更加麻烦的境地。当然了，如果你觉得借东西不还的朋友不值得珍惜，那么你完全可以去追要，甚至是连利息都要回来。

关 键 点 拨

1.倘若你已经把钱或者其他东西借给了别人，而且还想维持和这个人之间的关系，那么你就不要再热切地渴望对方及时归还借物。

2.如果你觉得借钱不还的朋友不值得珍惜，那么你完全可以去追要，甚至是连利息都要回来。

世上没有坏孩子

你若认为你的孩子是好的，只是他／她的行为坏，那么，你便可以努力帮其纠正，但你若认为你的孩子是坏的，那你就无法改变他／她了。

有一句在美国和英国广为流传的话："有一个好孩子，做了一件坏事情。"这句话让很多人感到不可思议，不少人对此嗤之以鼻，甚至直接指责这句话是胡说八道、荒谬至极。他们可能是没有领悟到这句话所要传达的深刻含义，实际上这句话所要说的是：世界上没有坏孩子。

中国有句古话："人之初，性本善"，也表达了类似的意思。你或许会提出异议，举出一箩筐的例子来证明自己的观点。是的，生活中有许多孩子非常调皮捣蛋，淘气而不听别人的劝告，他们会做出一些坏事，甚至是骇人听闻的事。但是你要知道他们的本质并不坏。虽然有时候他们可能会让你暴跳如雷、恨不能去撞墙，但是等他们睡熟以后，你凝视他们如天使一般纯洁的面庞，心里也会忍不住感叹：孩子是多么的完美无瑕！是的，你不得不承认，孩子的心灵里没有一点污垢，他们的本质是善良的、美好的。

我们可以这样来理解孩子的"坏行为"：孩子对这个世界并不了解，他们充满了好奇和探索的冲动，他们需要通过这种探索看清是非对错的界限，然后再去规范自己的行为。因此，孩子在成长过程中，犯错几乎是不可避免的，通过吸取经验和教训，他们才能学到更多的东西，才能不断成熟和进步。所以，我们眼中孩子的"坏行为"，其实是非常自然而且正常的事情。

同样的道理，对于孩子其他一些令人不可理喻甚至是让人抓狂的行为，你也可以用这种方式去理解。比如，看到孩子有自私的行为，你不要认为孩子的本质是自私的，他／她其实并不知道自私是不好的；看到孩子有恶意的行为，你要知道他／她可能是在试探；看到孩子的举止笨拙而愚蠢，不要过早地下"朽木不可雕也"的结论，他们只是需要更多的学习。孩子都还很年幼，不谙世事，作为家长或者长辈，你有责任多多教育、帮助并鼓励他们。

如果你认为孩子满身都是缺点，对其充满了悲观，那么你永远都不可能成为一个称职的父亲／母亲。如果你认为你的孩子是好的，只是他／她的行为是坏的，那么，你便可以努力帮其纠正。但你若认为你的孩子是坏的，那你就无法改变他／她了。实际上，如果你认为你的孩子是好的，那么作为家长你已经成功了一半，接下来你所要做的就是纠正孩子的"坏行为"。很显然，这对于你来说并不是一个艰巨的任务。事实上，谁都可以完成这个任务。

美国著名的成功学家拿破仑·希尔博士小时候被认为是一个应该下地狱的人。只要发生了什么不好的事情，比如谁家的母牛被人放跑了、堤坝裂了或者是一棵树莫名其妙地倒了，人们都会首先怀疑这是小希尔干的。就连希尔的父亲都认为他是一个不可救药的坏孩子，平时对他也没有什么好脸色。这一度让小希尔感到绝望，认定自己是一个讨人厌烦的坏孩子，于是破罐子破摔，一心想表现得比别人形容的更坏。后来，希尔的母亲去世了，一位新母亲走进了他的家庭。希尔原本认为继母不会对"臭名远扬"的自己有丝毫的同情，所以对她充满了戒备心理。没想到继母不但对他没有任何偏见，还发现了他人性中的优点，并鼓励他去发挥自己的特长。在继母的鼓励下，小希尔开始发奋学习并改正自己的缺点，最终获得了成功。可以说，继母用她深厚的爱和不可动摇的信念塑造了一个全新的拿破仑·希尔。

如果你给孩子贴上一个"坏"的标签，不仅使自己失去了成为一个成功父母的机会，同时也给孩子人为地设置了一个巨大障碍。"你是一个坏孩子"这句话将给你的孩子造成难以估量的影响，会在他／她的脑海里形成一个对自己的消极的认识，而这种认识一旦形成就将很难改变，孩子会在未来相当长的时间里感到自卑，甚至会破罐子破摔。所以，你在说这句杀伤力如此之巨大的话之前一定要慎重。在孩子做错事的时候，你最好说"你做了一件不好的事情"或者"你刚才太顽皮了"等，这会让孩子觉得自己只是行为上的不好，通过努力完全可以改正这个缺点。然而，作为一个家长，如果你对孩子说："你是一个坏孩子"，对于年幼的孩子来说，这无异于末日审判，他／她会觉得自己无力对抗这种论断，因而不得不去认同这句话，可以想象这将会给他们造成多么大的影响。

关键点拨

1. 孩子的心灵里没有一点污垢，他们的本质是善良的、美好的。

2. 孩子对这个世界并不了解，他们充满了好奇和探索的冲动，他们需要通过这种探索看清是非对错的界限，然后再去规范自己的行为。

3. 如果你给孩子贴上一个"坏"的标签，不仅使自己失去了成为一个成功父母的机会，同时也给孩子人为地设置了一个巨大障碍。

在你所爱的人面前，表现出你积极乐观的一面

当所有人都悲观消沉之时，总该有人站出来驱散愁云，让生活显现出它振奋人心的一面。

在你所爱的人面前，表现出你积极乐观的一面，就算是你假装出来的，这也会让你的爱人感到愉悦，同时也能给自己积极的心理暗示，帮助自己走出狭隘的自我。

有一个比较悲观的朋友，他因为某些原因来到了一个陌生的国家定居。他对这个国家的语言知之甚少，能够表达自己感情词汇只知道"我很好"、"我很开心"等少数积极的词，而诸如"厌烦"、"悲惨"、"消沉"等词汇却不知道如何使用。所以，每当有人问他"最近可好"、"过得怎样"的时候，就算是他感到非常糟糕，也只能回答"我很开心"。久而久之，他惊奇地发现自己变得快乐了，与以前相比，生活中似乎有了更多的阳光。他给国内朋友写信的时候，诉说了自己奇妙的经历。他在信中写道：每当我开口说"我很开心"的时候，我发现我真的很开心。

所以，当别人问你"近来如何"的时候，你不要脱口而出"不好"、"太糟糕了"等。相反，无论你感觉多么差，无论你这一天多么背，你都要回答"好极了"、"太棒了"等。你会发现，当你说"好极了"的时候，你的脑海里马上会出现一些具有积极意义的事情来。反之，如果你说"太糟糕了"，那么你的头脑里就尽是那些烦心的事情。所以，为什么不让自己高兴一些呢？

如果没有积极、乐观、开朗的人，这个世界将是怎样地死寂？所以，你应该成为这样的一个人。不可否认，生活中充满了艰难和坎坷，但当所有人都悲观消沉之时，总该有人站出来驱散愁云，让生活显现出它振奋人心的一面。你有责任成为这样的人，特别是在你的家庭里，在你所爱的人面前。

英国著名诗人约翰·弥尔顿一生磨难重重，但是乐观的精神和不屈不挠的意志却让他顺利度过了一个又一个的磨难。他的生活一度陷入极端痛苦的境地——朋友们弃他而去，同时自己又双目失明。正如他在一首诗中所写的那样："面前是无边的黑暗，身后是魔鬼在呼叫。"然而，他屈服了吗？没有。在自己的女儿和外甥面前他依然表现得像一个每天都在享受幸福生活的人，并通过口授的方式完成了三部伟大的作品：史诗《失乐园》、《复乐园》和诗剧《力士参孙》。他为同样生活在痛苦中的亲人们做出了表率。

如果你已经打算把这条法则也归入你的法则列表，你可以为此而感到自豪，但是不要忘了，你要保持缄默，没有必要向天下宣布你正确的决定。既然你已经下了决心，那么愉快地去做吧，不要有任何顾虑。从现在开始，在你的爱人面前，表现出积极乐观的一面，让它成为一种习惯，而不是一份差使，这样会让你感到更加轻松。当然，你很难每时每刻都保持这种状态，有时候你忍不住要向别人抱怨、诉苦，这也无可厚非，但是在你抱怨、诉苦之前请离开你的家人，去找一个陌生人来做你的倾听者。无论何时，你都要记住：在你所爱的人面前，不要表现出丝毫的消极情绪。

　　我们来看看成功人士在这方面的表现。调查显示，几乎所有的成功人士都拥有积极乐观的心态。相对于自己生活中所遇到的问题，他们更关心周围人的遭遇。在他们看来，自己的问题根本微不足道，他们从来不会向别人抱怨自己的一天是如何不如意，相反却很乐意为别人排忧解难。他们思维敏捷、行动迅速，在与他们交往的过程中，你会感受到他们高度的自信以及浑身散发出来的热情。是的，无论是在别人还是自己的眼里，这些人都是生活中的强者，他们以一个强者的标准来要求自己，同时也表现出了高度的责任感。你应该能从他们身上得到一些启示，或者借鉴一些东西。

关 键 点 拨

1. 在你所爱的人面前，表现出你积极乐观的一面，就算是你假装出来的，这也会让你的爱人感到愉悦，同时也能给自己积极的心理暗示，帮助自己走出狭隘的自我。

2. 但是在你抱怨、诉苦之前请离开你的家人，去找一个陌生人来做你的倾听者。

放手把责任交给孩子

当他们渐渐长大的时候，你也须学着慢慢后退，放手让他们做更多的事情，放心地将责任交于他们。

　　孩子刚出生的时候，是个柔弱无助的婴儿，一刻也离不开你的扶持。然而时光荏苒，他们渐渐长大成人，他们有了自己的想法，甚至会背着你结交异性朋友，背着你喝得烂醉。当你看到他们甚至超过了自己的身躯，看到他们有力的臂膀，听到他们富有逻辑地叙述自己的想法，作为一个好父亲／母亲，你应该学会和他们保持步调一致。当他们渐渐长大，你也须学着慢慢后退，放手让他们做更多的事情，放心地将责任交于他们。

　　你应该学会控制自己，不能把一个有独立想法的孩子当成一个婴儿来对待，如果你坚持凡事都由自己来代劳，你很可能会让孩子产生挫折感。有一个朋友，他对父亲极度不满。当被问到原因的时候，他抱怨说父亲对他限制得过于严格，不放心让他做任何事情，包括一些微不足道的小事。有一次，他的父亲正在给一个垃圾箱刷油漆，他上前想给父亲做帮手，没想到父亲用不容争辩的语气说："你最好别来给我添麻烦！"这句话让这位朋友很受打击，他与父亲之间的关系也由此产生了裂痕。你看，不过是帮忙给垃圾箱刷油漆，就算是帮了倒忙，后果也总比父子间出现矛盾要好一些吧。

孩子非常想证明自己已经长大，一些在我们看来毫不起眼的小事，或许对于他们来说却有特殊的意义。朋友向我叙述了这样一个趣事：他有一个儿子，似乎从小就对煎鸡蛋怀有浓厚的兴趣。鉴于他的年龄太小，朋友一直没有满足儿子的愿望。孩子渐渐长大，已经开始有意识地在朋友面前表现自己独立的一面。一次，朋友问儿子：你认为长大的标志是什么？没想到，儿子脱口而出的理由不是独自理财、自己规划生活等，而是"煎鸡蛋"。朋友从没有意识到"煎鸡蛋"居然对儿子有这么大的意义，在接下来的一个月里，他每天早晨都让儿子煎鸡蛋，直到他讨饶为止。

放手把责任交给孩子，就要给孩子充分的选择权，并对孩子的选择给予足够的尊重，这将有助于孩子更健康地成长。

奥尼尔是一所中学的学生，他想报考学校的军乐班学习吹大号，于是就把自己的想法告诉了父亲。父亲并不想让奥尼尔吹大号，他认为吹大号没有什么出息。但禁不住奥尼尔的软磨硬缠，他只得答应到学校去调查一些军乐班的情况。于是，在一个赤日炎炎的中午，父亲来到了学校。他看见军乐班的学生正列队在操场上训练，队列中胖胖的奥尼尔不断揩擦着额上的汗水。父亲意识到这是奥尼尔在表现给自己看：他喜欢吹大号，不惧怕任何风险。父亲被奥尼尔的决心所感动，当着老师和同学们的面答应了奥尼尔的要求。后来，奥尼尔果然信守自己的承诺，他在课余时间练习吹大号6年，后来竟成为一个著名乐队的首席大号手。上大学以后，他更是因为这个特长而成为校园里的风云人物，为以后步入社会打下了良好的基础。

当然，作为父亲／母亲，你不能一下子让孩子承担太多的责任，这会让孩子背负过于沉重的压力。同样，你也不能对孩子过于不放心，以至于什么事都不让他们去尝试。这其实是一个微妙的平衡过程，你在追求一种平衡，同时孩子也在追求一种平衡。当然，孩子在初次尝试做某件事情的时候，他们不可避免地会犯一些错误，比如把鸡蛋打到了灶台上、把油漆刷到了地板上等等，遇到这种情况的时候，你不能开口就说："说过你做不好，还逞能。"毕竟，如果想让孩子长大后自己动手做事情，你就必须允许他在现在犯一些错误，谁都要为自己的成长付出一定的学费。

在让孩子承担更多责任的过程中，我们不应袖手旁观，而应给予孩子帮助，慢慢地、一步步地帮孩子走上正确的轨道。比如，孩子第一次打扫房间，我们不应对他／她抱有太高的期望，即使他／她打扫得不干净，我们也不应表现出不满甚至是气愤。我们应给孩子充分的理解，毕竟孩子是第一次做这件事情，不知道父母的期望是什么样子的，他们必须去学习、去摸索，我们所要做的是适时地给予指点。

最后，我们有必要来总结一下这条法则：孩子渐渐长大，我们要学会放手，把责任交给孩子。不要怕孩子会犯错误，错误是不可避免的，学习总需要一个过程，在这个过程中我们要扮演一个领路人的角色。

关 键 点 拨

1.你应该学会控制自己，不能把一个有独立想法的孩子当成一个婴儿来对待，如果你坚持凡事都由自己来代劳，你很可能会让孩子产生挫折感。

2.放手把责任交给孩子，就要给孩子充分的选择权，并对孩子的选择给予足够的尊重，这将有助于孩子更健康地成长。

3.不要怕孩子会犯错误，错误是不可避免的，学习总需要一个过程，在这个过程中我们要扮演一个领路人的角色。

正视你与孩子之间的争论

他们先得和你闹翻，然后才能离家，再一次回家的时候，他们已不仅仅是一个孩子了。

不知道从什么时候开始，你发现孩子不再是从前的那个小天使了。他们从来不收拾自己的房间，经常长时间地将音乐的音量开到最大，似乎在故意向你示威。从前那个偶尔调皮但不失乖巧的孩子，现在变得情绪化、脾气暴躁；他们常常陷入沮丧之中，但一遇到同伴却马上变得生龙活虎；他们爱惹麻烦，有时甚至对你大吼大叫。你不明白孩子为什么会变成现在这个样子，只能将更多的责任揽在自己身上，认为是自己的教育方式或者方法出现了问题，为此你深感愧疚。

有时候，你也会感到很伤心。你辛辛苦苦地把孩子拉扯大，给他们买衣服穿，给他们做东西吃，供他们上学，在他们身上你几乎耗尽了自己所有的心血和金钱。然而，到头来你并没有得到孩子的感激和爱。他们不顾你的感受，背着你喝酒，乱交异性朋友，嘴里还时不时地冒出一些成年人特有的脏话，他们变得尖刻、鲁莽而且成人化。你要知道，这或许与你的教育方式没有太大的关系，也并不是孩子忘恩负义，也许是他们长大了，他们一心希望去发现、去探索。他们渴望挣脱父母的束缚、打破家庭的枷锁，去攀登理想的高峰。他们想离家出走，想到外面的世界闯荡。试想，如果他们仍然对你满怀敬畏，仍然与你难舍难分，他们还怎么离开你？他们先得和你闹翻，然后才能离家。再一次回家的时候，他们已不仅仅是一个孩子了。

　　所有这一切，实际上是要让你明白，孩子已经长大了，他们的翅膀已经长硬了。这是很正常的情况，也不可避免地会出现，你不应因此而感到难过，你应该为此而感到高兴。所以，作为父亲／母亲，你应该开明一点，早点放自己的孩子出去。诚然，孩子长大离开家门后，你不可能每天都看到他们的样子，不可能经常轻抚他们的头发，时常也会感到些许的寂寞。但是，当他们回家探望你的时候，你会发现他们早已成熟，甚至可以做你的朋友了，你们之间形成了一种全新的关系。相反，如果你阻碍他们成长的步伐，把他们牢牢地拴在家里，他们将会对你产生怨恨。如果你把他们的离家出走看得太严重，认为是自己的过错造成了这样的结果，那么孩子很可能会不肯回到你的身边，因为他们的内心里充满了对你的歉疚。

　　对于你和孩子之间出现的新型关系，你要知道自己和他们一样不知道怎样去处理，彼此都需要一段时间去适应和调整。所以，双方都要体谅对方，不能苛求对方，而要站在对方的位置上去考虑。毕竟在前行的道路上，你们都需要摸索着前进。

关　键　点　拨

1. 对于你和孩子之间出现的新型关系，你要知道自己和他们一样不知道怎样去处理，彼此都需要一段时间去适应和调整。

2. 双方都要体谅对方，不能苛求对方，而要站在对方的位置上去考虑。毕竟在前行的道路上，你们都需要摸索着前进。

不要干涉你的孩子交朋友

如果我们的孩子与那些考验我们宽容程度的小孩交往，这应该是一件好事情。

作为家长，你要知道孩子有交朋友的权利，他们喜欢与一些和自己有不同经历的人在一起，这是他们了解世界的方式之一。这些朋友中，有些是很富有的，有些是很贫穷的，有些是被人称做"无赖"的，有些是被宠坏的小太阳。这些人有着不同的背景，自然也有一些你所不满意的朋友。

当孩子与那些令你感到不满的朋友来往的时候，你常常会持反对态度，你以为凭借自己的经历，完全有资格、有理由也有权利去给孩子详细地指点。实际上，你应该放开胸怀，让自己变得更开明一些，支持并鼓励孩子去与来自不同背景的小伙伴做朋友。为什么要这样做呢？因为我们的孩子与那些考验我们宽容程度的小孩交往，应该是一件好事情。它能够说明我们教导有方，没有让孩子戴上有色眼镜看人和事，因此在未来，孩子可以不带任何偏见地去交友。作为一个家长，我们不应该使自己身上的势利影响到孩子。

如果你过分干涉你的孩子交朋友，你最终会为自己的行为感到懊悔。

　　小布赖恩特原本是一个活泼可爱的男孩，在与外婆一起生活的那段时间里，他有很多小伙伴。这些小伙伴有男的，有女的，有成绩好的，有成绩不好的，总之有各种各样的朋友。其中调皮的米奇·布朗是他最好的朋友，他们在一起很愉快。后来，布赖恩特和母亲住在了一起，母亲严格地限制他交朋友，整天把他关在家里练习钢琴。一个周末，耐不住寂寞的小布赖恩特趁母亲不在家，偷偷地把米奇·布朗带回了家。不幸的是被母亲发现了，她当着米奇·布朗的面冲着小布赖恩特大吼道："以后不要再带人回家，尤其是米奇·布朗。"从此以后，小布赖恩特失去了他最好的朋友。再后来，他几乎和所有的朋友都疏远了，他每日和钢琴为伴，逐渐变得孤僻、冷漠、疑心重和多愁善感。长大以后，布赖恩特由于性格孤僻根本无法与别人交流。他对生活十分厌烦，以至于买了一条狗，终日与狗为伴。

　　没有人希望自己的孩子变得像布赖恩特一样，相信小布赖恩特的母亲的初衷也绝不是如此，最终面对这样的结果，再后悔也没有用了。所以，不要干涉你的孩子交朋友，相反，你应鼓励自己的孩子和各种各样的小朋友交往。因为将来孩子毕竟要走上社会，要与各种各样的人打交道，如果孩子从小就不会与各种不同的人相处，那么将来也无法很好地适应社会。

　　孩子的朋友们有时候确实让你哭笑不得，甚至会让你非常愤怒。但即便是如此，你也要告诉自己，他们都还是孩子，他们的行为是可以理解和接受的。

　　玛丽的一个孩子过生日，孩子坚持要请所有的好朋友来一起庆祝。结果生日宴会简直变成了"大闹天宫"，孩子们唱啊跳啊，把饮料蛋糕随意地扔在干净的地毯上，甚至还有一个调皮的孩子一直往玛丽的一只惠灵顿靴子里塞干酪三明治和果子冻。宴会结束后，孩子们一哄而散，玛丽看着满屋的狼藉欲哭无泪，她甚至暗暗在心底发誓：以后再也不给孩子办什么生日宴会了。但是，一看到孩子高兴的样子，她就觉得这一切似乎也是值得的。是的，孩子毕竟是孩子，顽皮是他们的天性，想想自己小时候恐怕也好不到哪里去，不能因为这些事情而让孩子的童年留有遗憾。

是的，我们不能干涉孩子交朋友，不能把孩子的朋友限制在一个很小的圈子里。让孩子去接触不同类型的小伙伴，这会让他们对人的认识更全面，更能成为一个适应社会的、有能力与社会中不同的人打交道的人，而不是一个孤僻的、只与少数同类人相处的人，这是我们作为家长的责任之一。

关 键 点 拨

1. 你应该放开胸怀，让自己变得更开明一些，支持并鼓励孩子去与来自不同背景的小伙伴做朋友。

2. 将来孩子毕竟要走上社会，要与各种各样的人打交道，如果孩子从小就不会与各种不同的人相处，那么将来也无法很好地适应社会。

怎样做一个合格的孩子

你有责任做一个谦恭的、考虑周全的、耐心的、具有合作精神的孩子。

长大成人以后，你可能觉得自己不是一个孩子了，实际上，只要你父母双方的任何一个尚且健在，你都依然是个孩子。因此，你必须承担一个孩子的责任，你有责任做一个谦恭的、考虑周全的、耐心的、具有合作精神的孩子。

詹·威廉·派格尼斯的父母经营了一家小餐厅，所以，派格尼斯6岁的时候获得了第一份工作——在餐厅里给顾客擦皮鞋。他父亲小的时候也干过这种活儿，所以他教小派格尼斯怎样才能把工作做好，并告诉他，擦完以后要询问顾客是否满意，如果顾客不满意，必须重新擦。

随着年龄的增加，派格尼斯的工作任务也增加了。10岁时，他开始帮助清理桌子，并做引座员的工作。父亲曾欣慰地告诉他：你是店里最好的"清理伙计"。同样，在小餐厅里干活使派格尼斯感到很骄傲，他觉得他是在为全家的生计而努力工作。父亲对他说："你是这个集体中的一员，你必须按照集体的标准来要求自己。"当然，派格尼斯一直都遵守时间，努力工作，对顾客也相当有礼貌。

一天，派格尼斯对父亲说，他认为他每星期至少应有10美元的工钱，因为除了擦皮鞋，他在店里的其他工作是没有报酬的。父亲并没有拒绝他，而是对他说："好吧，但你也要付你每天在这里吃的三顿饭的饭钱，还要付你伙伴们在这儿喝的汽水钱。"随后，父亲算出派格尼斯每星期应付 40 美元，派格尼斯只得不再提及此事。

派格尼斯服役两年后晋升为陆军上尉，不久后他返家探亲，走进父亲的餐厅时，父亲的第一句话就是："今天引座员请假，你今晚顶替他工作怎么样？"

派格尼斯简直无法相信，他正想骄傲地向父亲炫耀一下呢，自己可是合众国部队的一个军官了。但这并不起任何作用，在父亲面前，他只是群体中的一个成员而已。于是，派格尼斯只能乖乖地去找抹布了。

看了派格尼斯的故事后，如果你还是不知道怎样去面对你的父母，不知道自己该承担怎样的责任，那么从现在开始，你就要告诉自己，至少要做到以下几点。

- 无论何时，都要和善而有礼貌地对待父母。
- 如果父母需要照顾，你必须推掉一切事情陪伴在其左右。
- 对于父母的要求，你要予以充分的重视，并尽可能地遵照父母的话去做。
- 当父母没完没了地唠叨的时候，你要耐心聆听，切不可显露出一丝不耐烦的情绪，也不可唉声叹气。
- 父母一生坎坷，阅历丰富，对于这一点，你要有充分的认识，而且你也应感到钦佩。你要知道，父母的某些经验和教训对你也不无益处。如果你对父母的话不理不睬，那么你可能从他们那里学不到任何东西。
- 抽时间常回家探望父母，给父母打个电话或者写封信，尽量多地与他们谈心、交流，不要让他们感到寂寞。
- 在你的孩子面前，不要提到父母的不是，而要尽量说父母的好处，让孩子相信他们是世界上最伟大的祖父母。
- 父母在你家小住的时候，你应感到十分欣喜，不能把父母的到访看作是一个麻烦，也不要有应付或者敷衍父母的思想。当父母的生活习惯与你的相冲突的时候，你最好能做出让步。

　　为什么你要为父母做这么多呢？你不应有这样的疑问，因为是父母给予了你生命，抚养你长大，给了你受教育的机会。想想吧，在你年幼的时候，是谁教你牙牙学语，是谁教你使用餐具，是谁给你系上鞋带，是谁为你拧去鼻涕。也许你认为这些都是身为父母的他们应该做的，那么身为人子，你是否也要去善待自己的父母呢？诚然，在你成长的过程中，父母或许犯过一些错误，让你受到了伤害。但是你要知道，父母只是和你看问题的角度不同，你要相信父母所做的一切都是为了你的将来更加美好。如果你也已为人母或者为人父，你便能理解父母对孩子的爱。你期待孩子怎样来对待你，你就应该怎样去对待自己的父母。

　　当父母日益衰老的时候，作为子女，你更应细心地去照料他们。他们需要你经常陪伴在左右，倾听他们、关注他们，并把他们当作你生命中重要的一部分。另外，如果你能真心地对待你的父母，年迈的父母还可以免费地为你照顾小孩、料理家务等。

关　键　点　拨

1.你期待孩子怎样来对待你，你就应该怎样去对待自己的父母。

2.年迈的父母需要你经常陪伴在左右，倾听他们、关注他们，并把他们当作你生命重要的一部分。

怎样做一个合格的家长

如果你接受了作为一个家长的使命，你就应竭尽所能，达到为人父母的最高要求。

你是一个家长，这是一个重要的角色，但是我们应该怎样定义这一角色，怎样去演绎这个角色呢？要知道做一个合格的家长并不是一件容易的事情。《抚育男孩》一书的作者史蒂夫·比多尔夫是这方面的专家，他写了不少文章教人们怎样为人父母，他认为作为父母，我们的任务是：想尽办法让孩子永远充满活力，直到他们足够成熟，能依靠自己的力量从外界赢得帮助为止。

从你的孩子出生的那一刻起，你实际上已经与其签订了一份不成文的合同，这份合同规定：你必须竭尽全力给这个孩子提供最好的生存条件。当然，这个条件不单指物质条件。这个合同一经签订，你就具有了家长的身份，从此以后你必须承担起一个家长的责任。如果你接受了一个家长的使命，你就应竭尽所能达到为人父母的最高要求。你应该鼓励和支持你的孩子，还应该和善地对待他；在他面前你应表现得高尚、有礼貌，给孩子树立一个好的榜样；你还应多找机会教给他们做人做事的道理。当然，在生活上，你更要无微不至地关心和照顾你的孩子，让他们能茁壮地成长。

你为什么要付出这么多的努力呢？因为当一个人刚来到这个世界的时候，他整个人就是一张干净的白纸，他将完全依靠抚养和教育他的人为他画上线条。显然，这个人就是作为家长的你。如果你对自己的孩子采用不良的教育方式，那么孩子的未来必然是不美好的。

著名的诗人拜伦写下了很多传世名作，但是他在性格上却有严重的缺陷。他任性冲动、自大叛逆而且尖酸刻薄，这些可以说是拜他母亲所赐。拜伦的母亲是一个非常神经质的固执女人，常常嘲笑拜伦身体上的残疾，甚至经常用火棍和煤钳体罚拜伦，逼得拜伦四处躲避。这种不良的教育使拜伦形成了后来的病态性格，他在自己的作品中痛苦地呼喊："童年时我未曾经历过母亲的温柔，少年时我饱尝忧郁的毒药。"与拜伦相比，大文豪歌德就幸运多了，他的母亲开朗优雅、知识丰富，始终朝气蓬勃，喜欢鼓励年轻人上进，善于启迪年轻人的思想。歌德的一位热心读者在拜访过歌德的母亲后，感叹地说："我现在终于明白歌德为什么如此杰出了。"

由此可见，家长的教育对孩子的影响是多么的重要。作为家长，你必须充分重视对孩子的教育。

当孩子正值身体发育和智力发展的关键时期的时候，你应给孩子提供最好的食物，让他们能够补充充足的营养；你应该为孩子提供最好的教育条件，以培养和发展他们的才智，为他们具备全面的技能而夯实基础；你应该引导他们对大千世界的各个领域都充满兴趣，而不是仅仅把目光局限在自己感兴趣的科目上；你应该帮助他们树立一个正确的是非观、价值观，让他们知道该做什么，不该做什么，清楚对与错的分界线。随着孩子年龄的增长，你应不断调整自己监督的力度，给孩子更多的自由空间；你还应该让孩子知道，家永远都是孩子的避风港，无论他们在外面遇到了怎样的麻烦，闯下了怎样的祸，在家里永远能得到温暖和安慰。

作为家长，你应该和孩子保持畅通的交流，掌握孩子的思想动向，并依此给孩子正确的引导。你应帮助他们设立行为处事的规范和标准，并且为他们做出行为榜样，起到表率作用。如果你不想让孩子知道某些事情，那么你最好也别去做这些事情或者说这方面的话。无论什么时候，你都应该支持孩子，站在他们这一边，学着从他们的角度去考虑问题；你应该学会保护孩子，避免危险的发生，使孩子免遭不测；你还应该通过各种方式去培养孩子的想象力，不时地去激励他们。这样，他们长大以后才会对万事万物产生浓厚的兴趣，也才能有勇气走出家门，去开创自己的一片天地。

你还应该培养他们的自尊心和自信心，他们的所作所为即使是错误的，你也应从中找到积极的方面去鼓励他们，从而增强他们的自信心，提升他们的自尊心。总之，你要将孩子培养成一个有理想、有礼貌、乐于助人、受人尊重、能够为社会做贡献的合格公民。当孩子长大成人以后，不要阻碍他们前进的脚步，你应该为他们打点行装，送他们踏上征程。在他们在社会上站稳脚跟之前，给予他们源源不断的支持、帮助和鼓励。

如果你能做到上述每一点，你就可以自豪地宣称：我是一个合格的父亲／母亲，而你的孩子对你也就别无所求了。

关 键 点 拨

1. 想尽办法让孩子永远充满活力，直到他们足够成熟，能依靠自己的力量从外界赢得帮助为止。

2. 当一个人刚来到这个世界的时候，他整个人就是一张干净的白纸，他将完全依靠抚养和教育他的人为他画上线条。

3. 你要将孩子培养成一个有理想、有礼貌、乐于助人、受人尊重、能够为社会做贡献的合格公民。

第四篇

建立人脉，
在社交中拓展自我

现实生活中，我们每天都要与各式各样的人打交道：上班的时候和同事打交道，空闲时间和亲戚朋友在一起，逛街和购物的时候可能会和一个陌生人聊得很投机。只要我们生存着，就不可避免地要与世人交往。在这些交往中，有些会让我们愉快，有些则让我们厌烦；有些会对我们产生积极的影响，有些则会给我们带来不可预期的麻烦甚至是灾难。如何去打理这些错综复杂的关系呢？你需要一些法则的帮助。当然，接下来我们所要介绍的法则也并非有重大启示意义，它们只是某种提示，供大家参考。

这些法则中有相当一部分是关于如何处理与同事的关系的。毕竟，我们一生中有很多时间都花费在了工作上，如果你不是自由职业者，你必然是工作团队中的一员。和身边的同事搞好关系，不仅有助于我们在事业上取得成功，也可以使我们在工作时间保持心情舒畅，从而使我们的工作更富成效，使我们更有成就感。因此，处理好与同事之间的关系非常有必要，不是吗？

生活中，我们很容易把自己归于某个组织、某个社会阶层，并且把自己所属的这个渺小的社会团体看作是唯一正确的、重要的。我们因此而具有可笑的优越性，排斥这个团体之外的人，把"我们"

和"他们"划分得相当清晰，二者之间俨然有一道难以逾越的鸿沟。这显然是一个狭隘的看法。如果我们能够抛弃这种狭隘，不把自己归于某个阶级或者团体，而是以个人为单位，用包容的眼光去看待所有有着不同背景的人，那么我们就会感觉到自己从属于人类这个大家庭。这个家庭中的成员都是一样的，我们实在不应该去排斥谁，相反，我们应有海纳百川的气度。

作为法则的遵循者，你首先要具有帮助他人的思想，尊重并善待每一个人，无论这个人是谁。当别人遇到困难的时候，你应尽力去给予帮助，只有这样，当你需要别人帮助的时候才不会孤立无援。当然，你之所以伸出援手并不是为了获得别人的回报，这只是你作为社会大家庭中的一员应尽的义务，也是作为法则遵循者应该负担的责任。

我们其实很相近

当我们除去外表的虚饰，我们的不同之处实在微不足道。

　　不要带着居高临下的口吻去评判他人，你并没有这样做的权利，也没有这样做的资格。实际上你和其他人归根到底都是人，都来自同一个大熔炉。如果回顾历史，你会发现，其实你和其他人都有着亲缘关系。换句话说，在本质上，你和其他人没有什么区别。我们应该学着去包容其他的团体、其他的文化。诚然，有些团体或者文化与我们自身有着千差万别，甚至因此而经常引发矛盾。但是你要知道，当我们除去外表的虚饰，我们的不同之处实在是不足道。如果你坚持自己的傲慢和偏见，也许你会遭遇到尴尬。

　　有这样一个普通的英国人，他像大多数人一样，拥有一个平凡但不失温馨的家庭和一份稳定的工作，日出而作，日落而息。总体来说，他是一个平凡而与世无争的人。他出生在英国，生长在英国，他认为自己是一个不折不扣的英国人，他为自己的身份而感到骄傲。这本无可厚非，世界上所有国家的人们都有足够的理由为自己的祖国而感到自豪。但是，如果你因此而贬低其他国家的人，就不应该了。不能说这位普通的英国人是一个激烈的民族主义者，但是每谈到移民这个话题，他总是情绪激动。他认为"外国人"没有资格踏上大不列颠的土地，

185

没有资格在这个神圣的国家生活，这些移民玷污了英国的纯洁，掠夺了英国的财富，侵害了土生土长的英国人的利益。在不同的场合，他以一个真正意义上的英国人的身份宣传自己的想法，丝毫不为此而感到惭愧。然而，上帝给这个英国人开了一个玩笑，让他发现了一个残酷的事实：他是被人收养的，他的生身父母是外国人，也就是说他身上流淌的并不是英国人的血液。这个事实让他感到非常尴尬，他开始为自己曾经的言论感到羞愧。但是对于他来说，这件事或许并不是一无是处，至少这让他学会了用更加宽容的心胸去看待人和事。

无论我们拥有什么样的肤色、什么样的信仰，从属于什么种族，从根本上说我们都是人，我们是属于同一类的。所以，对于彼此，我们应多一分理解和关心，求同存异。如果你对此不以为然，以为自己比其他人高贵，歧视甚至诬蔑其他人，那么你也必然不会得到其他人的尊重。有这样一个鲜活的故事：

在一架班机上，一位中年白人妇女发现自己的旁边坐着一个黑人。她对这个黑人怒目而视，而黑人则用微笑回应了她的不友善。当空服人员走过来的时候，白人女士要求调换座位。空服员问道："请问，您的座位有什么问题吗？""我不能容忍自己的旁边有一个这么讨厌的人，这太疯狂了，我受不了。"白人女士几乎是怒吼着说。空服员皱着眉头走进了机长室。几分钟以后，空服员回来了，对白人女士说："真抱歉，经济舱已经没有空座了，而头等舱还有一个空位。不过，通常普通舱的乘客是不能随意被提升到头等舱的，但是鉴于情况特殊，机长还是决定破格一次。他认为让一名乘客和这样一位讨厌的人坐在一起，确实有点不合理。"白人女士听了，顿时喜上眉梢，立即起身要走。不料空服员转向那位黑人乘客道："尊敬的先生，我们已经为您准备好了头等舱的位子，如果您不介意的话，就请移驾过去吧。"周围的乘客们纷纷鼓起掌来。在掌声中，那位黑人走向了头等舱，那位白人女士则羞得无地自容。

倘若你追溯一下人们的出生以及家庭的历史，你会发现，几乎所有人都有不同社会、不同种族的影子，没有一个人是纯粹的，也没有一个人可以准确地指出自己的祖先源自哪里。

是的，也许我们来自不同的国家，我们信奉不同的宗教，我们穿着不同的服装，我们说着不同的语言，我们有着不同的风俗习惯……我们有太多的不同，但是我们都渴望爱情，都期望有一个温暖的家庭；我们都希望能过着开心的生活，都渴望在事业上获得成功；我们都希望自己周身散发出迷人的魅力，而不希望自己变胖、变老，不希望自己总是病恹恹的；我们都会在伤心时哭泣，在高兴时纵声欢笑，也会在长时间不吃东西时感到饥肠辘辘。如果外表的虚饰在顷刻间消失，你会发现我们原来都是那么的相似，都是那么的可爱。是的，这些就是我们的本质，是所谓的人性。

关 键 点 拨

1. 无论我们拥有什么样的肤色、什么样的信仰，从属于什么种族，从根本上说我们都是人，我们是属于同一类的。

2. 如果外表的虚饰在顷刻间消失，你会发现我们原来都是那么相似，都是那么可爱。

宽容无害

宽容他人并不意味着我们会被他人推来搡去、任人摆布。

冲人发火，这没有什么难度，谁都可以做到。但是，在受到别人无礼侵害的时候，还能够去宽恕别人，这就不容易做到了。当然，你也不能把"宽恕、宽容"理解成温顺、任人欺负。其实，"宽恕、宽容"是指站在别人的角度去考虑问题，原谅别人的过错。

有一个热心的朋友遇到这样一件事情：暴雨过后，一个浑身湿透的自行车手艰难地行驶在乡间湿滑的小道上。忽然，迎面驶来了一辆大卡车。为了躲避卡车，自行车手连人带车都扎进了路旁的水沟里。卡车司机紧急刹车，并下车向这位倒霉的自行车手道歉。但自行车手得理不饶人，冲着司机破口大骂，还指手画脚，似乎想和司机打上一架。这位热心的朋友见了，就上前劝阻，并为那位司机说了几句公道话。不成想，自行车手不分青红皂白地冲着热心的朋友也大吼起来。朋友大度地笑笑，并没有做过多的辩解。自行车手颇有一拳挥空的尴尬，最后，只得骑着车子狼狈而走。事后，有人为这位好脾气的朋友鸣不平，奇怪他为什么受了委屈还能面带微笑。

　　这位朋友的解释颇值得人们深思，他说：从那位自行车手的装扮上来看，他一定是来这里度假的。也许他很久以前就在为这次度假作准备，他认为骑着自行车在这个多山的小乡村中行驶是最棒的度假计划。然而，事实证明他的决定是错误的，现在正值雨季，天气多变，时不时地会有一阵倾盆大雨，这并不适合度假计划的开展。就在今天，这个可怜的自行车手被暴雨浇成了落汤鸡，更糟糕的是，他还被迫栽到了水沟里。浑身的酸痛和满腹的委屈让他失去了理智。试想，如果是我处在他的位置，也会暴躁起来，甚至想找个人打上一架，以发泄心中的怒火。诚然，他当时满嘴的污言秽语确实不堪入耳，而且当时还有几个小孩在场，这确实是有失分寸。但是，当我站到他的角度去考虑问题，我就可以理解并且原谅他的行为，我甚至开始同情他的遭遇。是的，如果你经历了他那样的事情，也不免会失态，对此我们应该给予充分的理解。

　　这位朋友是睿智的，他能够站在对方的角度去考虑问题，他宽恕了那个伤害过他的人，谁都知道，他是对的。当然，宽容他人并不意味着我们会被他人推来搡去、任人摆布，或者强忍一些让人不能接受的东西。我们可以坚持自己的立场，一字一句、不卑不亢地对对方说："对不起，你所说的话（你的做法）让人难以接受，请你自重！"但是同时，我们也要试着从对方的角度去考虑问题，并尽力原谅对方的过错。具体到上述事情上来，你可以对那位倒霉的自行车手说："请你不要任由自己的脏口胡言乱语，还是赶紧骑着你的自行车离开这里吧！"你应该同情这位不幸的人，原谅他的所为。毕竟，他是一个好人，只不过做了一件错事。

　　宽恕意味着理解和通融，是融合人际关系的一剂良药，是友谊之桥的紧固剂，它不仅能让我们拥有平和的心态，还能将敌意化解为友谊。

　　戴尔·卡耐基在一家电台做节目的时候，不小心把《小妇人》作者的出生地点说错了。结果，一位听众恨恨地写信来骂他，言语尖刻，把他批得体无完肤。卡耐基看了火冒三丈，当时就想回信反骂这位出言不逊的听众，但是最后，他还是控制住了自己，他反复地鼓励自己宽恕对方的粗鲁、竭力把敌意化解为友谊。他站在对方的角度去考虑问题:"如果我是那位听众的话,如果我是《小妇人》痴迷的读者,我也不能容忍主持人的无知,也许我也会像她一样愤怒,也会说出不堪入耳的话来。"这样思考了很久,他使自己平静了下来,并给那位听众打了一个电话。在电话里,他表达了自己的歉意,并再三地请求原谅。听了卡耐基诚恳的话,那位听众深受感动,她也开始检讨自己的错误,并期望与卡耐基进一步深交。通过这件小事,卡耐基又赢得了一位忠实的听众。

无论我们是宽容还是容忍他人的恶行,都不是因为我们怕他们或者我们温顺,只是因为我们的气量更大,更能理解别人。对于那些不讲道理并且触犯了你的人,请不要大动肝火,而要告诉自己:这些可怜的家伙一定是之前有一段倒霉的经历,无法发泄心头的闷气,所以才这样对我。

关 键 点 拨

1."宽恕、宽容"是指站在别人的角度去考虑问题,原谅别人的过错。

2.无论我们是宽容还是容忍他人的恶行,都不是因为我们怕他们或者我们温顺,只是因为我们的气量更大,更能理解别人。

要乐于助人

　　要做到"乐于助人、友善待人"，我们首先应相信人的本质都是好的。

　　在前一条法则里，我们提到过那些蛮不讲理的人之所以做出那些让人难以接受的事情来，就是因为他们在事前有过一段倒霉的经历，他们需要释放自己心中的闷气，所以才会有失分寸。想想那个自行车手，他可能是在前一天遭到了别人的恶语攻击，才会将气撒在司机身上；又或者是，他周围的人很长时间都没有和善地对待他了，以至于让他对人们失去了耐心和爱心。如果是这样，这位自行车手犯错误实际上也有我们大家的责任。在社会这个大家庭里，如果我们每个人都能够和善地对待身边的人，也就不会有人内心充满积愤，以至于一有机会就将恶劣的情绪发泄在别人的身上了。

　　我们应该将"和善待人、乐于助人"当作自身的一种习惯。当别人向你寻求帮助的时候，你应该条件反射地说"好的，没问题"；而不是说"不行，我现在很忙，你还是找别人来帮忙吧"。很明显，这样将会为你赢得更多的友谊、更多的尊重。在这方面，西奥多·罗斯福总统为我们做出了榜样。

　　罗斯福的一位侍从詹姆士·阿莫斯在自己的一本名叫《仆人眼中

的英雄——西奥多·罗斯福》中叙述了这样一件小事：阿莫斯太太不知道什么是鹑鸟，于是就向渊博的罗斯福总统请教。要知道，罗斯福总统日理万机，每一分钟都非常宝贵。阿莫斯太太的这个请求多少有些唐突，如果罗斯福总统委婉地拒绝也在情理之中。没想到，罗斯福立即放下手中的工作，耐心而详尽地为她描述了一番。更让人意想不到的是，罗斯福把这件小事记在了心头。一次，罗斯福突然给邻居阿莫斯太太打电话，告诉她，如果现在打开窗户，或许能看到鹑鸟。

从这件小事上，我们可以看出罗斯福总统优秀的品质。虽然阿莫斯太太只不过是一位侍从的夫人，罗斯福还是尽力帮助了她。他的这个举动自然赢得了阿莫斯夫妇更多的敬重，这一点我们可以从那本书的字里行间感觉到。

如果你在工作上"和善待人、乐于助人"，那么用不了多久，你就会发现这条法则对你的事业和声誉产生了多么积极的影响。大家都乐于与你打交道，乐于为你解决问题，你的好名声在同事之间越传越广，你的工作也变得容易而且充满乐趣。当然，你可能会担心，由于自己过于热心，会让别人认为自己好说话、好欺负。其实你的这种担心完全是多余的，事实恰好相反，你只会赢得更多的敬重，赢得更多你所期望的东西。

要做到"和善待人、乐于助人"，我们首先应相信人的本质都是好的。这样，当我们看到别人陷入麻烦之中时，才会自然地伸出援助之手，而不是漠然地走开；要做到"和善待人、乐于助人"，你的心中就要常常考虑他人，站到别人的位置上去考虑问题。当然，这并不是说别人的麻烦都由你来帮忙解决，只要你能抽出一些时间来尽可能地帮助他人就可以了。

关 键 点 拨

1. 我们应该将"和善待人、乐于助人"当作自身的一种习惯。

2. 只要你能抽出一些时间来尽可能地帮助他人就可以了。

对我们共同致力的事业心怀自豪

要使自己真正地融于一个团体，我们首先要对这个团体感兴趣，了解并关注它的发展，积极参与它所组织的一些项目或者活动。

如果你到过冰岛，你会发现这是一个十分美妙的国家，国人都非常友好，他们对自己身为一个冰岛人充满了自豪感，这一点我们可以从冰岛人在谈及自己国家正在进行的项目时的态度和说话方式上看出来。举个例子来说，有一个朋友在冰岛的首都雷克雅未克乘坐一辆出租车出行，途经一处道路改造工地时，朋友问出租车司机这里为什么要进行道路改造，司机回答道："噢，是这样的，这一段路每到冬天的时候就不太方便车辆行驶，所以我们要改造它。"注意到没有，一个普通的司机在谈及公共建设项目时，用的是"我们"这个字眼，而且语气中有一种自然而然的自豪感。而在其他国家，在相同的情景下，我们常常会听到这样的回答："我不知道，我怎么会知道他们在干什么，他们总是在这一带东挖西掘的。"你一定注意到了，在这里，挂在人们口头的是"他们"这个字眼。不能说其他国家的国民对自己的祖国没有自豪感，但至少从一些小事上，我们可以看到他们缺少一种发自内心的参与精神。通过比较我们可以发现，与其他国家的人相比，冰岛人有着更为强烈的身份感和归属感，也有着更为强烈的集体意识。

在这方面，我们有必要向冰岛人学习，要真心地关心和支持我们所从属的某个社会团体，并为身为这个团体的一员而感到由衷的自豪。当然，这里所说的社会团体起码应该是合法的。试想一下，一个流氓团伙的成员无论怎样努力，也不会自豪地宣称自己是这个肮脏组织的一分子。要使自己真正地融于一个团体，我们首先要对这个团体感兴趣，了解并关注它的发展，积极参与它所组织的一些项目或者活动。如果它在某方面让你感到不满，你也不要喋喋不休地抱怨。当这个团体出现问题的时候，你要积极地出谋划策，尽力去改变其内部的不合理因素，努力使其趋于完美。比如，当我们所共同拥有的一个俱乐部因为种种原因面临关门大吉的时候，我们不能只是唉声叹气、愁眉不展或者脾气暴躁，甚至是立即准备参加其他的俱乐部，我们必须想一些办法去拯救它。总而言之，如果想让自己所归属的集体蒸蒸日上，我们都必须全情参与其中，并尽力支持它。否则，它必将停滞不前，免不了消亡的命运。

你在积极关心和支持自己所从属的某个社会团体的同时，你本身也会获益匪浅。比如，有些人只为薪水而工作，对于自己所从属单位的发展漠不关心；有些人不在乎薪水的多少，而是更加积极地为集体的发展出谋划策。久而久之，这二者之间的差距将是非常惊人的。

大卫·安德森是铁路工人的一个小主管，他每日带着一群年轻的工人在铁道上忙碌。一天，一辆豪华的汽车在大卫身旁停下来，一个西装笔挺、气宇不凡的人从车上下来，他热情地抓住大卫的手，连声说道："大卫，好多年不见了，你还在这里工作呀。"大卫笑笑说："是的，吉姆，见到你真高兴。"两位好朋友聊了一会儿后，握手道别。原来这位"吉姆"就是铁路总裁吉姆·墨菲。大卫的下属们对大卫和铁路总裁是好朋友感到非常惊讶，于是大卫就向他们解释说，20多年以前，他和吉姆·墨菲一起成为这条铁路的普通员工，两人在一起工作了很长时间。下属们疑惑了，问大卫道："为什么你现在仍在骄阳下工作，而吉姆·墨菲却成了总裁呢?"大卫有些惆怅地回答道:"23年以前，我只是为1小时1.75美元的薪水而工作，对其他的事情一概不闻不问;而吉姆却是为整条铁路而工作，他把所有空余的时间都用于研究铁路方面的知识，并为公司提出了许多有益的建议。"

当然，这并不是建议大家都去竞选自己所在地的议员，也不是号召你去参加所有的委员会。其实，只要大家能够关心、关注并了解自己所属集体的发展情况，就算是给予这个集体莫大地支持了。而且，如果你想在这个团体中有所作为，你也应该这样去做。

此外还需注意一点，支持集体并不意味着你要支持集体的所有决定、所有活动。如果你的集体正在进行着某项你所不赞成的活动或者改革，你完全可以勇敢地站出来，表达自己的观点，努力使局势朝着正确的方向发展，而不是坐在一个小酒馆里大发牢骚。换句话说，你必须以某种方式或者途径参与到集体的每一项活动或者改革中来，并以自己的绵薄之力为集体做出一些贡献。

关 键 点 拨

1. 如果想让自己所归属的集体蒸蒸日上，我们都必须全情参与其中，并尽力支持它。

2. 你在积极关心和支持自己所从属的某个社会团体的同时，你本身也会获益匪浅。

3. 支持集体并不意味着你要支持集体的所有决定、所有活动。

树立共赢的观念

这样，不但你能得自己所需，而且对方也将感到自己从中受益了。

无论是在事业上还是生活中，谁都想做一个成功者，谁都想赢，这是显而易见的。没有人愿意成为一个失败者，更没有人会树立一个成为失败者的理想。我们普遍存在这样的思想：要想成功，必须以一些人的失败为代价，我们的成功是建立在另一些人失败的基础上的。这种思想是非常荒谬而且有害的。事实上，我们完全可以和对手实现共赢，共赢才应该是我们追求的目标。

聪明的法则遵循者在估量了形势之后，在谋求自身成功的同时，也会想：怎样让对方也获得益处呢？要实现共赢，你必须先了解对方的动机是什么，对方想得到什么样的结果，然后权衡左右，引导情势的发展，最后得到一个皆大欢喜的结果。这样，不但你能够得己所需，而且对方也将感到自己从中获益了。但是，要知道对方的动机是什么，要知道对方想要什么，这也并不是一件简单的事情。你必须跳出狭隘的自我，将自己置身事外，用一个旁观者的眼光去看待和分析问题。这样一来，矛盾的双方就不是"你"和"他们"了，而且你也不会狭隘地认为：如果自己想获得成功，别人就必须做出让步。

　　一个懂得共赢的人更容易得到别人的信任。如果你掌握了共赢的思维模式，人们就会乐于与你合作，因为你通情达理，与你合作能够使双方都得到好处。如果你学会了用共赢的思维去考虑问题、做事情，那么你在各种各样的谈判过程中，就更容易与别人达成共识，更容易得到理想中的效果，而且还会给别人留下良好的印象。掌握了共赢的思维模式，你将变得更加圆融，更懂得尊重别人的权益。这对于你来说，未尝不是一种进步。

　　芭芭拉·安德森在纽约的一家银行工作，她工作得很愉快，和同事相处得也很好，然而她不得不辞职了，因为她必须搬到亚利桑那州的凤凰城去照顾她那体弱多病的儿子。于是，她给凤凰城的12家银行写信，希望能谋得一份工作，她的信是这样写的："我在银行界有10年的工作经验，曾在金融业者信托公司担任过不同的业务处理工作，现为一家分行的经理。我对银行内的许多工作，比如与存款客户之间的关系、借贷问题或行政管理等都能胜任，这也许会使快速发展的贵行对我感兴趣。今年5月份，我将迁居至凤凰城，故极其愿意为贵行的发展贡献自己的一技之长。如能面谈，看我是否能对贵行有所帮助，则不胜感激。"结果，安德森太太的信引起了11家银行的兴趣。

　　是的，安德森太太的条件很好，但是同样条件的人才并不少见，为什么安德森太太能受到如此青睐呢？原因是，安德森太太没有在信中多谈自己的要求，而是把焦点集中在银行的需要上。很明显，她是抱着共赢的观点和心态去写这封信的，而正是这一点引起了几乎所有银行的兴趣。

　　毫无疑问，懂得为别人考虑、拥有共赢观念的员工是任何企业都需要的。

　　共赢的思维模式源自工作场合，但它并不局限于此，你可以把它运用到生活中的各个场景中，也可以用它去处理各种各样的人际关系。举个例子来说，你们一家几口商量到什么地方去度假，你希望到法国去骑马，而其他人却更想到海边去钓鱼、驾驶帆船。如果你坚持自己的意见，则必然让其他人不高兴，这当然不是一个令人满意的结果。这个时候你就要开动脑筋，想一个让自己和别人都感到满意的方案出来。想一想，是否有一个地方既能骑马又能钓鱼、驾驶帆船？找到这样一个地方，全家人都能度过一个愉快的假期，这样就达到了共赢的效果。

如果你是一个家长，把共赢的思维运用到处理与孩子之间的关系上，也会有良好的效果。许多家长不顾孩子的想法和需要，自作主张地给孩子定下许多硬性的规定。这很有可能会激起孩子的逆反心理，他会坚决抵制你的规定，甚至会对你的每一个决定都持不合作的态度。这样你的教育理念就很难继续下去。相反，如果你能在制订规则的时候多问自己几遍："怎样才能让孩子也感到满意呢？"站在孩子的角度去考虑问题，就很容易把各种问题处理得更好。因此，共赢的思维模式还会帮助你成为一个成功的家长。

关 键 点 拨

1. 我们完全可以和对手实现共赢，共赢才应该是我们追求的目标。

2. 一个懂得共赢的人更容易得到别人的信任。

3. 共赢的思维模式源自工作场合，但它并不局限于此，你可以把它运用到生活中的各个场景中，也可以用它去处理各种各样的人际关系。

与积极乐观的人交朋友

与那些常让你心情低落、感到沮丧的人待在一起是没有任何意义的。

我们经常接触到的人，大体上可以分为两种：

第一种人对生活抱有积极的态度，他们热情高亢，对生活有自己的一套想法，也有一套独特的处事方式，不会轻易因别人的意见而改变自己的观念和做法。与这种人在一起，你常常会感觉到精神振奋，感到生活是如此的美好。

第二种人则整日意志消沉、牢骚满腹。与这样的人在一起，你也会感觉到生活实在是太沉闷乏味了，自然也打不起精神去面对它。如果你想在生活中、工作上以及社交领域里取得成功，那么你要尽量让自己远离第二种人，而去和第一种人交朋友。

积极乐观的人觉得生活就是一次极其刺激的冒险和挑战，值得他们全力以赴，并且享受这个奇妙的过程。这些人的头脑中充满了有趣的观点，与他们交谈，你会有如沐春风的感觉。他们从来不会去抱怨人或事，即使是遇到困难和挫折，他们也能从中发现积极的因素。对于他们来说，生活从来都没有阴霾和黑暗。他们从不会去批评、否定你或打击你的自信心，相反，他们总会赞扬你，告诉你"做得太好了"！你应该多花一些时间和这样的人在一起，这有助于你形成良好的心态。

与积极乐观的人交朋友，你的生活会驶向一个全新的方向，这一点不容置疑，因为我们听到过太多真实的事例。

亨利·马恩特是一个著名的传教士，他是英国人，但是大部分时间在印度工作，在那里他取得了令人羡慕的成就。亨利非常清楚，自己之所以能够有这么多荣誉，和学生时代的一段友谊分不开。小的时候，亨利是一个身体羸弱、性格敏感孤僻、不喜欢参加学校活动的学生。学校里的男同学们常常会拿他寻开心。可怜的亨利无法面对这种情况，他变得越来越自闭、越来越自卑。后来，一个男孩向他伸出了友爱之手，鼓励他走出狭隘的自我，激励他振作起来，并帮助他补习功课，甚至为了他和学校里的小混混打架。上大学的时候，他们又重逢了，这位朋友继续积极地影响着亨利，他一直引导和保护着亨利，让他远离那些不良的影响，鼓励和建议他发愤图强。他对亨利说："要知道，努力不是为了赢得别人的赞许，而是为了自身的荣誉和上帝的荣光。"在他的鼓励下，亨利在学业上取得了很大的进步，并以优异的成绩从大学毕业。可以说，正是这位朋友用爱心鼓舞了亨利，让亨利从事高尚的工作，帮助亨利成了一名杰出的人士。

是的，亨利的这位朋友一直默默无闻地从事极有意义的工作，并不像亨利那样被大众所了解。但是，在亨利的心里，他永远是自己生命中的良师益友。

我们每个人都有很多朋友和熟人，其中不乏良师益友，自然也少不了损友或者让你感到悲观和消极的人。在第39条法则中，我们曾谈到要经常清理杂物，现在是时候来清理"杂人"了，检点一下身边的朋友，看看他们中的哪些人会：

- 让你在看到他们时，发自内心地感到高兴。
- 让你笑口常开，并且有良好的自我感觉。
- 鼓励你、支持你，在你面对挑战的时候给你加油鼓劲。
- 用新的理念、新的观点影响你。

而哪些人会：

- 当你与他们交谈后，感到沮丧而压抑。
- 经常批评你，对你吹毛求疵，惹你生气，让你感到心灰意冷。
- 否定你的成绩，并给你的计划泼冷水，让你感觉到自己一无是处。
- 根本不在乎你，不考虑你的感受。

对于前者，你应该加强和他们之间的关系；对于后者，你最好把他们从你的好友名单中删除（当然，如果因特殊原因才这样对待你的人，可以例外）。这些人就是你需清理掉的"杂人"，他们的存在让你的生活失去了色彩，你必须把他们从生活中驱除出去。你可能会觉得这样做有些残忍，但是想一想，我们交朋友就是为了享受友谊所带给我们的愉悦，感受友谊的美妙和力量。如果这些朋友带给你的居然是没完没了的抱怨，是各种各样消极的情绪，那么你和这些人交朋友有什么意义呢？记住，与那些常让你心情低落、感到沮丧的人待在一起是没有任何意义的。所以，你不必为自己的选择而感到愧疚，你只不过想让生活充满阳光，而不是被阴霾所笼罩而已。

关 键 点 拨

1. 多花一些时间与积极乐观的人在一起，这有助于你形成良好的心态。

2. 如果这些朋友带给你的居然是没完没了的抱怨，是各种各样消极的情绪，那么你和这些人交朋友有什么意义呢？

乐于奉献你的时间，乐于与人共享信息

如果你掌握了某种特殊的技能，或拥有某种特殊的才能，不妨传授给他人。

随着年龄的增长，你的经验和技能也会日益丰富和精湛，这些东西对你来说是时间的河流所沉积下来的宝贝，而对于别人尤其是年轻人来说，如果能得到它们，人生的道路则会变得更加平坦。这条法则建议你：不要吝啬自己的时间，不要独吞自己所掌握的信息，把它拿出来与别人分享，使他人从中获益，这对于你来说也是一件非常有意义的事情。

如果你掌握了某种特殊的技能，或拥有了某种特殊的才能，不妨传授给他人。当然，这并不是让你在每一个空闲的日子都到学校里做无偿的讲座，也无须一五一十地把自己的所有技能都讲给那些无知而鲁莽的年轻人听。你不必做出太大的牺牲，当然如果你愿意，这自然是最好不过。其实，这条法则所要求的是：当你接到别人邀请的时候，不要贸然拒绝。

一位作家被邀请给一群 6 岁的孩子做一个题为"作家的责任和义务"的演讲。接到邀请后，这位作家犹豫了很久，他觉得这群乳臭未干的孩子不见得能理解一个作家的经历和感受，给他们谈这样的话题，无异于对牛弹琴。最后，在主办方一再的请求下，这位作家还是点头答应了。然而，令人意想不到的是，年仅6岁的孩子们表现得非常好，他们不仅认真听讲，还问了许多聪明的问题。孩子们的举止非常得体，这让作家感觉自己就像是和一群成年人在交流。作家很兴奋，他把自己所有的感受、想法几乎毫无保留地讲了出来，并勉励孩子们好好学习，将来取得更大的成就。孩子们显然受到了很大的鼓舞，他们纷纷向作家索要签名，并和作家合影留念。活动结束以后，作家从心底里感到高兴，这算是他度过的最美妙的一个上午了。

作家的快乐便是与人分享的快乐，像其他所有快乐一样，这种快乐也是不可替代的。

在工作中，人们普遍存在这样的观点：自己所掌握的某项技能或者知识，就是自己的优势所在，绝对不能传授给别人，否则自己的价值就会大打折扣。

其实，这种根深蒂固的观点是错误的。事业成功者从来都不会固守自己的那点技能，他们乐于把自己的所得传授给别人，使别人受益。他们的行为会受到别人的肯定和赞扬，而这也使得他们的工作变得更加顺利。相反，那些把自己的知识和技能当作秘密一样来保守的人，梦想使自己成为团队中不可或缺的人，却在不知不觉中走进了职业生涯的死胡同。所以，在工作中，这条法则同样适用。

从大的方面来讲，如果人人都不愿意把自己所掌握的知识传授给他人，那么我们的世界还怎么进步呢？况且，你像保守一个天大的秘密一样守着自己的知识和技能，你留着它们有什么用呢？聪明的人乐于奉献自己的时间，也乐意与别人分享信息，因为他们意识到：在向别人传授知识的过程中，自己也会学到不少有用的东西，这对个人的发展是很有益处的。

当然，你可能会委屈地说："我不是不想向别人传授，我是怕自己的这点东西对别人没有用处。"其实，情况绝不是你想象的那样，只要是对你有好处的东西，也必然会受到别人的欢迎。就算是限于专业，你的知识不易被人们所接受，但只要你付出了努力，你就会成为一个重要的人，一个成功的人，一个慷慨而有决断力的人。总之，在别人的眼里，你是一个值得相交的人。

关 键 点 拨

1. 不要吝啬自己的时间，不要独吞自己所掌握的信息，把它拿出来与别人分享，使他人从中获益，这对于你来说也是一件非常有意义的事情。

2. 如果人人都不愿意把自己所掌握的知识传授给他人，那么我们的世界还怎么进步呢？

体验生活

体验生活意味着挽起衣袖，纵使落得个满手尘埃，也要执意品评那般滋味。

生活中有很多人沉迷在屏幕中虚幻的世界里，或者在和别人闲聊和杂谈中一任宝贵的时间无声无息地溜走。这样的人是在虚度人生，因为谁都不可能在屏幕上、小说里、闲谈中感受到真实的世界，那些只是别人的体验，是片面的也是浅薄的。要知道，外面真实的世界充满了生命力和活力：在那里，你可以痛快淋漓地释放自己的精力；在那里，你会有精彩纷呈的经历；在那里，你可以真切地感受到时代脉搏的激烈跳动；在那里，你会时刻被兴奋和激动所包围。诚然，看电视会让你感到安全而且温暖，也会给你带来短暂的愉悦，但是这一切都是虚幻的。而到外面的世界去体验生活，虽然不可避免地会经历严寒酷暑、风吹雨打，有时还会遭遇到危险、受到惊吓，但是这一切都是活生生的，都是真实的。你愿意在虚假的温暖中生活，还是愿意到复杂的现实环境中去感受生活的魅力？体验生活，我们要体验生活中的一切，积极参与到生活中去，探索生命的真正意义。这就是这条法则所要告诉你的。

诚然，在屏幕上、小说里你也能得到一些快乐，但是这些快乐是虚幻的，是短暂的，是空虚的。只有在实际的生活中，在体验生活的过程中，你才会得到实实在在的快乐。

有这样一个家庭，男人整日在外忙碌，很少有时间闲在家里；儿子在外地读书，也不常回家；女人一人在家，虽然有电视、电脑、小说等消遣的玩意儿，但时间一长，难免会感到空虚和无聊，整日无精打采。男人看到了女人的不快乐，就建议她去串串门，和其他一些家庭妇女们聊聊天，消磨时光。刚开始，女人还兴致勃勃的，然而她们都是一群大门不出、二门不迈的人，彼此之间哪有那么多新鲜事可说，所以没过几天，女人又感到无趣了。这一次，男人看到了女人的症结所在，就对女人说："我看这样吧，既然你平时那么爱花，不如就去开间花店吧，你觉得怎么样？"女人听了很高兴。从此以后，她整日在花店里忙活，人也变得精神了、快乐了。几个月以后，有人问男人："看你妻子整天乐呵呵的，是不是你们开的花店赚大钱了呀？"男人笑着说："钱没赚到，快乐倒赚了不少，这才是最重要的。"

是的，纵使金钱有万般能耐，它仍买不到半点快乐，而投入生活、体验生活，却轻而易举地就能得到快乐。

我们常常会有这样的感觉：随着年龄的增长，时间流逝的速度在逐渐地加快，常常在不知不觉间一天天、一年年就匆匆而过，没有留下一点痕迹。是的，如果你仍然把自己关在温暖的家里，百无聊赖地看电视、闲聊，时间会流逝得更快，而且更不会留下半点痕迹。只有你亲身投入到现实的生活中，去积极地参与生活，你才会感到时间的脚步在放慢，你才能深刻地感受到时间的巨大价值。作为回报，时间所遗留给你的绝不仅仅是惆怅，或许更多的将是欣慰。

体验生活意味着成为生活的主人，不随波逐流也不任人摆布；体验生活意味着与别人合作，并做出自己的贡献；体验生活意味着挽起衣袖，纵使落得个满手尘埃，也要执意品评那般滋味；体验生活意味着融入生活中来，热心地去帮助他人，积极地与他人打交道，将自己对生活的好奇和兴趣全都付诸行动；体验生活才能给你带来最真切的乐趣，这绝不是电视所带给你的飘忽的、虚幻的快乐；体验生活意味着你要享受并珍惜生活，以找到生命的真正意义。

　　生活中的成功人士（这里的成功人士不是指那些生活富足或者名声大的人，而是指那些总是感到快乐和自足的人）通常有一个或者几个个人爱好或者业余兴趣。这些兴趣并不能为他们谋利，也不能给他们带来任何奖励。但是，这些兴趣不但可以给他们的生活增添乐趣，还能帮助别人、鼓励别人。这些人常常能从忙碌的生活中抽出时间去做一些有意义的事情，而生活中的很多人似乎更愿意把生命挥霍在小小的电视屏幕前。

　　成功人士会积极地去充当志愿者、慈善工作者、各种组织或者机构的顾问，他们还会积极地加入各种性质的团体、协会、俱乐部中。他们充分地融入到社会中去，不仅从中收获许多乐趣，还会与志同道合者分享自己的乐趣，让彼此的生活更有意义。他们通过自己的努力，让这个世界变得更加美好。他们还会报名参加夜校，学习一些在外人看来非常荒谬的课程，或许这些课程不能给他们带来任何金钱和名声上的好处，有时候还会带来坏处，但是有什么关系呢？他们从中收获了乐趣，他们感受到了参与的快乐。当然，他们的生活会因此而变得更加忙碌，他们空闲的时间会越来越少，但是如果所占用的是看电视的时间，这就没什么好遗憾的了。是的，人们需要走出家门，加入这样或者那样的社团中去，让自己融入真实的世界里，只有这样，生活才会更踏实、更有意义。

关 键 点 拨

1. 体验生活，我们要体验生活中的一切，积极参与到生活中去，探索生命的真正意义。

2. 只有你亲身投入到现实的生活中，去积极地参与生活，你才会感到时间的脚步在放慢，你才能深刻地感受到时间的巨大价值。

3. 体验生活意味着成为生活的主人，不随波逐流也不任人摆布。

保持高尚的道德

你会为自己刚才的宽容和大度深感自豪，这种感觉必定比你报复得逞之后的快感要好得多。

无论在什么时候，都要注意自己的言行举止，永远保持高尚的道德。这一点说起来容易，做起来却非常困难。毫不讳言，无论对谁来说，这都是一个不小的挑战。但是，你要相信自己可以赢得这个挑战。一个人要想改变自己的行为方式，首先要在思想观念上做出转变。你必须时刻提醒自己，千万不要报复他人、挑拨离间、行为粗鲁、举止轻薄、寻衅滋事、恼羞成怒、伤害他人。这是你道德的底线，无论如何不要跨越这条线。

道德底线对你来说非常重要，无论你遇到怎样的挑战，无论你受到怎样不公正的待遇，你都不能使自己的行为和语言偏离这条道德底线。你务必要使自己保持一贯的诚实、大方、和善、宽容。不管别人做了什么，你都要让自己的行为无可指责。当然，要做到这一点，相当有难度。试想，当别人对你蛮不讲理的时候，你却要保持谦谦君子之风，这确实很不容易做到，就算是愤而反击也无可厚非。但是，如果你能克制住自己报复的情绪，那么当你气消了之后，你就会为自己刚才的宽容和大度深感自豪。这种感觉必定比你报复得逞之后的快感要好得多，而且你还常常会得到意想不到的收获。所以，耶稣告诉我们要原谅敌人 77 次。

瑞典人乔治·罗纳是一位法律专家，曾在维也纳从事律师工作。二战爆发后，罗纳不得不返回瑞典。他身无分文，急需找一份工作，他精通好几个国家的语言，所以他想找一个进出口公司的文书工作。他向许多公司发送了求职信，但大多数公司因战争的关系婉拒了他，只有一家公司这样回信给罗纳：你是一个蠢货，你根本不知道我们公司需要什么，我们根本不需要文书，而且你的瑞典文糟糕透了，一封信中竟然有好几处错误，你还是死了这条心吧！这封信把罗纳气得暴跳如雷，他想马上给对方回一封针锋相对的信。不过他停下来想了想，觉得自己没有必要这样做，于是他心平气和地写了一封信：感谢您在百忙之中给我回信，并指出了我的不足之处，我会尽力改善我的瑞典文，如果我能取得一些进步，全拜您所赐。几天以后，他又收到了一封回信，信中邀请他到公司去聊聊。罗纳如约前往，并得到了一份很不错的工作，这份工作使他避免了在兵荒马乱的岁月流落街头。

不可否认，报复是一个很诱人的字眼，但是无论什么样的解释也无法掩盖其邪恶的本质。如果你选择了报复，你就要让那个给你伤害的人尝到同样的滋味，你认为这样才是公平的。然而，实际上你已经把自己放到了和那些得罪你的人同样的道德水平上，如果他们是可鄙的，你也谈不上高尚。一旦图一时之快，实施了报复行为，你将远离天使，变得和魔鬼无异。你的身价会贬损，你的人生价值也会大大地下降。事后，当你冷静下来的时候，你必将为自己的行为感到羞耻、懊悔。如果你选择了报复，你就永远都不能算是一个成功者。因为成功者无一不懂得宽容和保持高尚的道德，只有失败者才会斤斤计较，才会睚眦必报。事实上，报复不仅会有损你的道德，它还会伤害到你自己。纽约警察局的布告栏上曾写着这样一句话："如果有个自私的人占了你的便宜，你可以把他从你的好友名单中除名，但千万不要想着去报复他，因为一旦你心存报复，对自己的伤害一定比对别人的伤害大得多。"

　　一位名叫威廉·法卡伯的餐厅老板，因为厨子坚持要用碟子喝咖啡而火冒三丈，他在怒急之下抓起左轮手枪追杀厨子，结果因心脏衰竭而倒地不起，最终抢救无效，命丧黄泉。所以，不要对仇人心怀报复之心，莎士比亚曾说过："仇恨之火，将烧伤你自己。"纽约市的前市长威廉·盖伦是这句话的忠实信奉者，他曾遭遇枪击，差点丧命，但是就在他躺在病床上挣扎求生的时候，他还说："每晚睡前，我必原谅所有的人和事。"这可能会让你觉得不可思议，那么就让我们再来看看德国哲学家叔本华的思想吧，他在《悲观论》中将生活看作是一次痛苦的旅程，然而即使是在绝望的深渊中，他仍然说："如果有可能，任何人都不应心怀仇恨。"

　　保持高尚的道德，你不必担心因此而被别人讥笑为懦夫。如果有人这样对待你，你要原谅他的愚蠢和无知，同时保持缄默。你知道自己是什么样的人，你知道自己不理会别人的挑衅，绝不是因为自己好说话、好对付，而是因为自己是一个正直善良的人、一个自尊坦荡的人、一个注意保持高尚道德的人，因此你问心无愧。

关 键 点 拨

1. 道德底线对你来说非常重要，无论你遇到怎样的挑战，无论你受到怎样不公正的待遇，你都不能使自己的行为和语言偏离这条道德底线。

2. 一旦图一时之快，实施了报复行为，你将远离天使，变得和魔鬼无异。

3. 保持高尚的道德，你不必担心因此而被别人讥笑为懦夫。

第五篇

关爱社会，
保护共同的家园

在伴侣法则中，我们已经谈到过，你应该着眼于自己和伴侣之间的共同点，并为之感到庆幸。至于两人之间的不同点，你应给予对方足够的尊重而不应耿耿于怀。这个道理不仅适用于伴侣之间的关系，在更大、更广阔的领域内也适用。从全世界的角度来讲，我们都属于人类这个大群体，都居住在地球这个美丽的星球上，我们之间的共同点要远远多于不同点。所以，在处理与世界之间的关系上，我们不妨把伴侣法则进行某种延伸。

世界很大，我们居住的地方总会有些不同：有些地方湿润，有些地方则干燥；有些地方阳光充足，有些地方则终年严寒。因为各有不同，我们才会有更丰富的体验。然而不幸的是，这居然会成为地球上最高级的生物争斗的原因。人类常常会为了得到更好的地块、为了得到石油富集的地段、为了得到更大范围的领土而大动干戈。这实在太可悲了。如果我们不能学会尊重同类，悲剧就会不断上演；如果我们不懂得共同享用和保护资源，资源必将消失殆尽并不可复得。

具有讽刺意味的是，我们不断地扩展自己的控制范围，去追求不属于自己的东西，却往往把自己真正拥有的一方土地弄得一团糟。

我们把大片的绿地弄成了沙漠；我们把郁郁葱葱的树木伐尽，留下一座座荒山；我们制造的白色垃圾甚至污染到了人迹罕至的极地。我们不仅对土地不负责任地糟蹋，对于河流和海洋也不放过。看看吧，我们每天把数量惊人的废物排入河流、倾入大海，多少下水道里的污物不经处理就直通海洋？博大的海洋为我们提供丰富的食物，而我们却把它污染得甚至不能够有生命存在。海洋里的生物如果能够表达，我们将会面临怎样的控诉？

　　还不仅仅如此，除了因土地问题而大动干戈，把自己的土地弄得一塌糊涂之外，我们还会因彼此的信仰而挑起战端，甚至乐此不疲。每想到这一点，总觉得让人哭笑不得。我们究竟想证明什么呢？究竟想争得什么呢？就算是用武力让别人承认了你所信仰的神更有威力、更有力量、更为强大、更加慈爱……这又有什么意义呢？你甚至不能证明神灵的存在。

　　这部分的法则便是要和你讨论怎样与别人和睦相处、怎样与别人分享资源、怎样与别人和解、怎样与大自然相处，并警告你永远都不要做欺凌弱小的霸道之徒，永远不要做破坏自然的罪人。

　　当然了，如果你有其他地方可以去，你觉得地球太乱，你要退避到其他星球上去，那么你完全可以不理会下面的法则。

认识你对环境所造成的影响

这并不意味着我们将因此成为伪善的人，但是，不管怎么说，我们至少应该有这个意识。

我们的行为或多或少地会对环境造成影响，对于这种影响的利弊和严重程度，我们应该有一个清醒的认识。这条法则就是要求你有意识地评估自己的所作所为对环境造成的影响。如果评估结果不太理想，你可以改变自己的一些习惯做法；如果评估结果令人满意，你觉得自己已经足够"环保"了，你也完全有理由为此而自豪。

之所以提出这条法则，是因为我们经常会忽视一些客观存在的事实而采取不妥当的做法。作为一个负责任的人，我们有必要知道自己的某些行为会导致事情朝好的方向发展还是朝坏的方向发展。比如，有一位这条法则的信奉者，在她的孩子刚出生的时候，她给孩子使用一次性尿布。为了评估自己的这个行为会对环境造成什么样的影响，她开始关注报纸和杂志上关于一次性尿布的报道。结果她发现，一次性尿布要经过500年的时间才能完全分解，这当然不是一个好的消息。但是，同时她也注意到，如果选择传统的厚绒布尿布，在洗涤时也会消耗掉大量的电、肥皂和水等，对环境所造成的影响实际上并不比一次性尿布更轻。虽然经过评估，这两种尿布都不能让环保人士满意，但是为了不让自己的地毯遭殃，这位年轻的妈妈还是不得不选择其中的一种。从这个例子中我们可以看到，这位年轻的妈妈并没有通过评估减轻自己所造成的影响，但她至少没有做出草率的决定，这足以让她感到问心无愧了。

对于一些日常小事，你可以像那位年轻的妈妈一样多作一些考虑。例如，你可以考虑自己开什么样的汽车、冬季采用什么样的取暖方式、旅游的时候坐什么类型的交通工具更有利于环保；在家中能否循环利用资源；废弃不用的东西是否可以捐给其他人用等。当然，不论你做出什么样的决定都无可厚非，没有人有资格对你指手画脚。但是毫无疑问，如果你能在这些方面多作一些考虑，并且尽量减轻我们的行为对环境所造成的影响，这无疑是一件好事。

生活中，我们要时刻睁大眼睛、保持清醒，以明确自己所做的一切。不仅在对待环境问题上应该如此，在其他方面我们也要做到这一点。当然，我们不仅要明确自己所做的事情，最好还能对自己的行为进行一些修正和改进。这并不意味着我们将因此成为伪善的人，但是，不管怎么说，我们至少应该有这个意识。

总之，现在的环境状况并不能让我们乐观。如果我们想制止继续恶化的趋势，或者想扭转这种状况，从现在开始，我们就需要认真考虑一下我们对环境所造成的影响，并改变一些不妥的做法。诚然，一个人的力量有限，但是人人都出一份力，那么对环境所产生的影响将是巨大的。

关 键 点 拨

1.我们应该有意识地评估自己的所作所为对环境造成的影响。

2.生活中，我们要时刻睁大眼睛、保持清醒，以明确自己所做的一切。

崇尚光荣，摒弃可耻

其实，你只需暗自下决心行善，一心崇尚光荣，并从此默默实践之就足够了。

世间事有光荣和可耻之分，这一点毋庸置疑。但是什么是光荣，什么是可耻呢？任何能够以某种积极的方式促使我们走出狭隘的自我、激励我们去追求完美人格，能够使我们充满勇气挑战困难、战胜自我的事物，都象征着光荣；任何能够使我们超越人性中卑劣的一面，能够让我们看到光明的事物，都象征着光荣；反之则代表着可耻。举例来说，莎士比亚象征着光荣，阴暗的集中营则代表着可耻；在温暖的春日里，举办一个令人愉快的聚会代表着某种光荣，而偷人钱包则代表着可耻；为慈善事业进行的义演是光荣的，而从事对野生动物的杀戮则是可耻的。总之，二者是界限分明的，通常也是显而易见的。

要真正做到崇尚光荣、摒弃可耻，你首先应当作到诚实守信，这是你立于人世的基础。如果你抛弃了诚信，那么你的人生注定是不会成功的。此外，诚信还是一个社会得以安定团结乃至积极进步的首要基础。一旦诚信被颠覆，社会必将陷入混乱之中，甚至会处于无政府状态。英国著名的教育家阿诺德把诚信作为一生的信条和最崇高的美德，也作为光荣和可耻的一条最基本的分界线。他把诚信比喻为人的"道

215

德透明度"，要求年轻人一定要做一个诚信的人。一旦他发现学生向他撒了谎，他就会认为这个学生犯了一个道德上的错误；但说谎的学生向他澄清事实后，他又会鼓励学生树立起信心。英国有一句谚语："诚信是最好的策略"，意思是诚实守信是你获得成功的关键所在。除此之外，你还应遵守乐于奉献、遵纪守法等基本的道德准则。

是的，要做到崇尚光荣、摒弃可耻并不容易。那么面对光荣和可耻，你要站在哪一边呢？没有人会表示自己愿意追求可耻，光荣必定是大家一致的选择。你可能觉得选择光荣实际上就是行善事，然而现实社会中的人们对行善事并不持认可的态度，他们觉得做善事太没有个性了，只有老实巴交、性格温顺的人才会去做善事，并且做善事还会给人一种虚伪的印象。

阿根廷著名的高尔夫球手罗伯特·德·温森多赢得一场锦标赛的胜利后，到停车场准备开车回俱乐部。这时候，一个年轻的女子向他走来。她向温森多表示祝贺后，可怜兮兮地说她的孩子病得很重，但她却支付不起昂贵的医药费和住院费。

温森多没有经过考虑就掏出笔在刚赢得的支票上飞快地签了名，然后塞给那个女子。

几天以后，温森多和朋友们在一起吃午餐的时候，一位朋友问他几天前是不是遇到过一位自称孩子病得很重的年轻女子。

温森多点了点头。

朋友说道："哦，你太不幸了，你太没有眼光、太没有鉴别力了。知道吗？那个女人是个骗子，她根本就没有什么病得很重的孩子，她甚至还没有结婚呢。"

"你是说根本就没有一个小孩病得快死了？"温森多问道。

朋友遗憾地说："是这样的。"

温森多面带喜色："这真是这几天以来我所听到的最好的消息了。"

在很多人眼里，做善事并不能给自己带来什么好处，不但可能像温森多那样遭到欺骗，还可能遭遇到许多不必要的麻烦。比如，你在学校里积极做善事，同学们会像看一个精神病人一样看着你；如果你是一位公司职员，你在做善事上表现得过于积极，同事很可能会认为你是在巴结老板，还有可能会落个好心不得好报的下场。

是的，不可否认，这种情况确实存在。但是，如果人人都是自私的、冷漠的，那么这个社会将如同冰窖，没有人愿意在这样的环境里生活。只要你能把握自己做善事的分寸，掌握一些技巧，你会赢得别人的尊敬的，而你自己也会感到自豪。

当然了，做善事、崇尚光荣是一件私事，你是在依照自己内心的旨意去做善事，并不是为了让别人来夸奖你。如果你能保持低调，那便是最好的；倘若你四处炫耀，那就说明你是一个假仁假义的人。其实，你只需暗自下决心行善，一心崇尚光荣，并从此默默实践之就足够了。

关键点拨

1. 如果人人都是自私的、冷漠的，那么这个社会将如同冰窖，没有人愿意在这样的环境里生活。

2. 做善事、崇尚光荣是一件私事，你是在依照自己内心的旨意去做善事，并不是为了让别人来夸奖你。

参与解决问题，
而不是制造问题

如果我们不采取适当的行动，这个世界，我们所共同拥有的这个美丽的星球就会每况愈下，直至毁灭。

参与解决问题，而不是制造问题。这条法则要求你积极行动起来去改善现实存在的问题，而不是使问题加剧。如果我们不采取适当的行动，这个世界，我们所共同拥有的这个美丽的星球就会每况愈下，直至毁灭。

有一篇关于复活岛的文章，它恰恰可以用来比喻我们所面临的困境。文章是这样的：大约 500 年以前，复活岛上森林茂盛而且野生动物繁多。后来，一群来自波利尼西亚的土人到复活岛上定居。他们为发现这个美丽而富饶的岛屿而兴奋，他们认为这个岛上的资源永远都用不完。他们不加节制地砍伐树木、猎杀动物，从来都没有想过去为保护环境做一些事情。

短短几年以后，美丽的复活岛面目全非：高大的树木被砍伐完了，众多的野生动物绝迹了，清澈的河水被污染了，人间天堂变成了丑陋的地狱。这群愚蠢的人面临着灭种的危险，唯一能够拯救他们的方法就是发展旅游业，于是他们不得不搔首弄姿、拼命去讨好来自外界的游客。

实际上，我们还没有这群波利尼西亚的土人幸运。因为到现在为止，我们还没有发现任何有外星人存在的证据。如果我们把美丽的地球弄得像复活岛一样糟糕，将不会有其他星球的游客来地球拍照，我们也无法得到拯救。

所以，当地球的状况愈来愈向糟糕的深渊滑落时，我们所有人都要意识到问题的严重性，着手参与解决问题而不是再火上浇油。不能再破坏环境、不能再制造问题了，现在的问题已经足够多了。不要再说"我个人的力量太小"，"我做的事情对地球没有多大的影响"这种话了，要知道如果所有人都有这种想法，那么这个星球的问题将会不断蔓延、不断升级，后果不堪设想。

这条法则要求大家立即开始以各种可能的方式参与到解决问题的过程中来，每个人都拿出自己尽可能多的力量来，共同策划解决问题的方案，以解除整个人类的后顾之忧。在社会这个大家庭中，要想做一个磊落坦荡、正直而成功的人，要想让生活充满意义，那么你在从这个社会中不断获取利益的同时，必须要像偿还债务一样不断地回馈社会。

简单地讲，你应该对这个我们所共同拥有的地球多投入一份关注，以让它变得更加美好。

中国有一个古老的民间故事，叫作愚公移山，说的是古时一位老人，住在华北，名字叫北山愚公。老人的家门前有两座大山挡住了他家的出路，一座叫作太行山，一座叫作王屋山。愚公下决心要移走这两座大山，于是，他就动员家人一起来努力。他的妻子很担心，就问道："你已经这么老了，连一个小土丘都对付不了，怎么能移动太行和王屋两座大山？"愚公说："我老了，搬不了多少东西，但是，我死了之后，还有我的儿子，儿子之后还有孙子，孙子还有他的儿子、孙子……总之，只要我们下定决心，总有一天能把两座大山移走。"在愚公的鼓励下，家人们开始动手了，甚至连小孙子都加入到劳动中来了。后来，他们的精神感动了神仙，神仙帮助他们移走了这两座大山。

　　这虽然是一个神话故事，不足以信，但愚公敢于解决问题的精神还是值得我们学习的。只要我们所有人都能有这种精神，积极参与解决问题而不是制造问题，那么我们的星球终究会恢复以往的美丽。

关 键 点 拨

1.每个人都拿出自己尽可能多的力量来，共同策划解决问题的方案，以解除整个人类的后顾之忧。

2.要想让生活充满意义，那么你在从这个社会中不断获取利益的同时，必须要像偿还债务一样不断地回馈社会。

历史将怎样评价你

历史将视我们为白蚁。

雁过留声，人过留名，你希望历史怎样来评价你呢？在内心深处，你期望自己在身后获得一个怎样的称号呢？当然，这里所说的评价，绝不是指留在你墓碑上的文字，它是指铭刻在宇宙之中历史的印记。是的，大多数人的一生都像一阵清风从世上吹过，不能在历史的大书上留下哪怕是一个小小的注脚。如果可以的话，我希望历史对我的记录是：这个人曾经尝试过尽自己最大的努力给这个世界带来一些积极的转变；我还希望历史可以这样评价我：此人一生坚持自己的信仰，勇于表达自己，并竭尽全力维护自己和相关的人的正当利益。如果我的表现配不上上述评价，历史只能这样记录我：此人曾经尝试过让这个世界变得更加美好，但是没有成功。如果能得到这样的评价，我也心满意足了。

那么你呢？你希望得到一个什么样的评价呢？你的行为能够使你得到一个什么样的评价呢？上述两个问题能否得到同样的答案？如果不能，二者之间会有多大的差距呢？你是否有能力缩小这个差距呢？这些都是引人深思的问题。在回答这些问题的时候，你应该清楚地知道自己在未来该怎么做了。当然，如果你不在乎历史的评价，不在乎自己身后会留下什么样的名声，那么你完全可以不理会上文所说的一切。

如果我们期望历史能给我们做出一个积极的评价，那么我们就必须付出足够的努力，以使我们的后代能够生活在一个更为美好的世界中。我们都知道，一个农民要想使自己得到更多的收获，就必须很好地利用自己所拥有的土地，至少要做得比前一任土地拥有者更好，并为后代打下更好的基础。在怎样对待地球这个问题上，我们也应采取这样的态度：在我们有生之年，在把它传给我们的下一代之前，好好地珍惜它，好好地利用它，竭尽全力去完善它。试想一下，如果我们不负责地挥霍和糟蹋现在所拥有的一切，使美丽的海洋臭气熏天、使清澈的河流只剩下干涸的河床、使极地的冰帽消融殆尽，我们还怎么把这个地球交给子孙后代？难道我们能欺骗他们："是的，地球本来就是这个样子，它没有你们想象得那么美丽！"要知道，后来者只会比我们更聪明，他们很快就会戳穿这个愚蠢的谎言，他们会为有我们这样的祖先而感到羞耻。

如果我们剥夺了子孙后代享受美丽世界的机会，历史将会视我们为白蚁。我们愚蠢地破坏了生态，我们残忍地屠杀了生灵，我们可耻地污染了环境，我们的"丰功伟绩"让历史蒙羞。没有人愿意看到这样的情况，然而回首往事，我们应该为自己所做过或者自己祖先所做过的事而感到羞愧：18 世纪的时候，大批移民来到美国西部平原，乱垦滥伐，直接导致了 20 世纪 30 年代的 3 次黑风暴。其中 1934 年 5 月的一次风暴持续了三天三夜，从西海岸一直吹到东海岸，形成了东西长 2400 千米、南北宽 2400 千米、高达 3400 千米的灰黄色尘土带。风暴以每小时 100 多千米的速度向东推进，横扫北美大陆，尘暴过处，天昏地暗。上述种种只是冰山一角，之所以出现温室效应、海啸、洪水等自然灾害，我们人类同样难辞其咎。所以，为了不使情况进一步恶化，为了我们的子孙后代还能看到蔚蓝的天空、清净的河水和绿色的大地，我们每一个社会人都要紧迫起来，要有所作为也必须有所不为，我们每个人都应担负起历史的责任。

然而不幸的是，我们中的很多人认为自己只不过是沧海一粟，是芸芸众生中微不足道的一分子，没有能力担负起历史的责任，也无须为后代做出任何改变。这些人可能认为，如果没有人注意，即使杀害了人也可逃脱惩罚。对于这些人，历史是不屑于记载的。

关 键 点 拨

1. 如果我们期望历史能给我们做出一个积极的评价，那么我们就必须付出足够的努力，以使我们的后代能够生活在一个更为美好的世界中。

2. 如果我们剥夺了子孙后代享受美丽世界的机会，历史将会视我们为白蚁。

3. 对于以"渺小"为借口，不愿为改善环境而作努力的人，历史是不屑于记载的。

时刻睁大双眼

倘若我们团结起来，共同努力，就定能实现远大的目标。

　　这个世界每天都在发生着令人痛心的事情：南美洲的热带雨林正在以惊人的速度消减；一些国家不断从富裕的国家进口先进的武器，用来发动对内和对外的战争；有些国家的当权者不问政事，而是致力于搜刮民脂民膏，以至于国内哀鸿遍野，民不聊生；利欲熏心的开发商到处乱建房屋，破坏了生态环境，以至于自然灾害频仍；全球各地每天产生无可计数的垃圾，其中许多不经任何处理就扔进大自然。我们所拥有的世界不是变得越来越糟糕，而是从来都没有好过。这种情况不能不让人忧心如焚。是的，如果仅凭单个人的力量，我们难以有所作为。但是，倘若我们团结起来，共同努力，就定能实现远大的目标。

　　或许对我们而言，并不是人人都能亲身参与到保护自然的斗争中，但是我们可以有意识地从自己做起，为环保做出贡献。比如了解自己所买的东西是哪里生产的，是如何制造的，是在什么样的条件下制造／建造／生长／收获的。如果生产这种东西的厂商有破坏环境的嫌疑，我们大家就应该予以抵制。我们可以通过各种方式去劝说厂商做出一些必要的改善和改变，我们有责任也有必要表达出自己的观点，以引起对方足够的重视。比如，鲸类的数量已经到了危险的边缘，西太平洋灰鲸现存不足 3 万头，而一些国家却依然熟视无睹，置其他国家的抗议于不顾，一意孤行地进行商业捕鲸。对于这些国家的行为，我们不仅要制造舆论去反对它，更要在行动上抵制鲸鱼肉产品。总之，我们应多注意自己的生活方式，多注意自己所购买的产品，避免为破坏环境的行为推波助澜，并尽可能地与这种可恶的行为做斗争。

生活中，许多事情正在发生，许多现象早已存在，只要我们能稍加留意，就不难发现它们，遗憾的是我们中的很多人却一直被蒙在鼓里，浑浑噩噩地生活。比如，有些人在买了一处房子之后才发现自己所在的小区配套设施是多么的差，邻居们的背景是多么的复杂，他们为此怨声载道、后悔不已。要知道这个小区的情况一直如此，这些人为什么不能在做出买房决定前多了解一些情况、多考察一下环境呢？他们最应该抱怨的正是他们自己。还有一些人在高压线、铁塔之类的东西旁边买房置地，他们庆幸自己付出了相对便宜的价钱。后来才了解到，这些铁塔、高压线将会对健康造成威胁，综合各方面的因素考虑，他们实际上得不偿失。于是，他们开始担惊受怕，开始怨天尤人。然而，在这之前他们干什么去了？

在对待环境的问题上，很多人也是浑浑噩噩。比如，白天的时候，道路两旁的路灯依然亮着，却没有市民把这一现象报告给有关部门；水龙头没有关，从旁边走过的人却熟视无睹；一个易拉罐瓶子滚到脚下，有人只是一脚将其踢开等等。是的，环境在不断恶化、资源在以惊人的速度减少，我们必须意识到这种情况，积极主动地担负起责任来，不能等到了一切都无法收拾的那一天才猛然清醒过来。到那时，一切都已经晚了。

关 键 点 拨

1. 我们应多注意自己的生活方式，多注意自己所购买的产品，避免为破坏环境的行为推波助澜，并尽可能地与这种可恶的行为做斗争。

2. 生活中，许多事情正在发生，许多现象早已存在，只要我们能稍加留意，就不难发现它们。

回报社会

如果我们回报一些给这个社会，那么夜晚睡觉也能更安稳一些。

自从降生到这个世界上以后，我们大吃大喝、尽享快乐，虽然有时候也会遭遇困难，也会埋怨这个肮脏的世界，但是我们还是做了许多我们想做的事情。我们从这个世界上拿走了数量惊人的东西，却仍不满足。要知道没有人要求我们来到这个世界，世界也不欠我们什么。对于我们的"掠夺"，一般情况下不会有人出面制止。对于这个"和善"的世界，我们的内心应充满感激之情，并且适当地回报社会。这样做可以让我们的心灵更加平静，可以让我们睡得更安稳。

我们要学着做一个慷慨的人，凡事都要慷慨一些——你无须把所有的钱财都捐献给更需要帮助的人，你只需要多花一些时间去关心他人。这对于你来说并不难做到，而他人却能从中得到许多温暖。如果你有某方面特殊的才能，利用它去为人们做一些好事，或者把它传授给有需要的人，这样做并没有让你失去什么，但是别人却从你的行动中得到了好处；假如你有某种设施，在别人需要的时候，请不要吝啬地回绝；如果你有左右全局的权力，你要让事情朝好的方向发展，你要考虑到大多数人的利益而不是一己的得失；如果你有某方面的影响

力，请你正确地发挥它的作用。

奥斯卡·辛德勒的故事相信你也耳熟能详。这位来自德国的商人，在战火纷飞的波兰借助犹太人发了财。难能可贵的是，在那段疯狂的岁月里，他没有丧失人性。他通过各种"关系"和手段，不吝金银财宝，千方百计地救助犹太人。在"黎明前最黑暗的日子"里，他甚至冒着生命危险在德国以工厂为幌子，建立秘密的犹太人救助站。为此，他散尽了家财，甚至连妻子的首饰都拿出去变卖，以至于二战后他一度靠慈善组织的救济勉强度日。辛德勒以自身的行动回报了这个社会，他付出了昂贵的代价，同时也赢得了很多。

也许你一无所有，但是这并不妨碍你去回报社会，每个人都可以用自己的方式去影响他人，影响社会。

玛丽·安妮·克拉夫是生活在 19 世纪的英国磨粉女工，她几乎一无所有，但这并不妨碍她成为一个伟大的、令人景仰的慈善家、教育家和母亲。当时英国有很多穷苦的男孩受雇于铸造工厂，没有人关心这些孩子，也没有人告诉他们什么是对的、什么是错的，很多孩子小小年纪就涉足犯罪。这种情况勾起了玛丽·安妮的同情心。她向工厂申请了一间地下室，在这间地下室里教这群脏兮兮的、可怜的孩子读书、写字，教他们善良、做人的道理。她把所有的闲暇时间都放在了这些孩子身上，她的基督精神、友善的方法和仁慈在孩子们中间产生了影响。结果，这些男孩们变得刻苦勤奋、善良而谦逊，"玛丽·安妮的男孩们"成了令他们感到骄傲的称呼。后来，积劳成疾的玛丽·安妮撒手人寰，但是她所播下的爱的种子却生根发芽。1865 年，"格拉斯哥铸造厂男孩协会"成立，在接下来的六年中，这个协会共接纳了 14000 个孩子，引起了整个社会的广泛关注。一无所有的玛丽·安妮用她善良的心和无私的奉献回报了这个社会，这个社会因为有她的存在而变得更加美好。

在理解"回报社会"内涵的时候，我们应该认真地思索，充分发挥我们的想象力和创造力。我们总会找到办法的。我们不必每个人都成为传教士或者慈善家，但是，作为普通人我们仍然可以通过各种方式资助贫困的孩子；我们不必把自己的房子变成避难所供给无家可归的人居住，但是我们可以在花园里开辟出一些地方来供野生动物繁衍生息；我们不能自己制作环保的物品，但是我们可以要求生产厂家做出调整和改善。只要我们有心，即使力量薄弱，也可以做很多事情。

　　我们应该时常扪心自问：这个世界因为我的存在而变得更加富有、更加丰富多彩了吗？当我离开这个世界的时候，它是否能比我来的时候更加美好？是否有人因为我的存在而活得更好？我回报社会了吗？为了心灵的平静，希望你的答案都是肯定的。

关 键 点 拨

1. 如果你有某方面的影响力，请你正确地发挥它的作用。

2. 只要我们有心，即使力量薄弱，也可以做很多事情。

每天增加一条新规则

> 所有的法则只是一种提醒，目的在于为你提供一个新的起点，使你更好地前行。

至此，本书所要阐述的法则都已讲述完毕了，一共81条。这些法则将会帮助你获得成功，使你的生活变得充实。你可能会觉得，不就是81条法则吗？掌握这样几条法则并不是一件难事，看来成功并不是人们所想象的那么困难。如果你认为这81条法则就代表了所有的法则，那么你极有可能在未来的生活中栽大跟头。实际上，生活中的法则有无数种，这81条只不过是其中有代表性的一部分。要想在生活中获得令人羡慕的成功，你还需不断地寻找新的法则。因此，你必须开动脑筋，充分发挥想象力和创造力，善于发现、善于思考、善于出主意，使自己总能有独特的观点和想法，而不是人云亦云。因此，我们的第82条法则，也是我们的最后一条法则便要求我们不断地制订出新的法则，不断地改善和发展本书所涉及的法则。要知道每一条法则都是一个契机，帮助你以崭新的姿态去面对生活。所有的法则都不是一个令人惊奇的革命性的发现，它只是一种提醒，提醒你不要按照固有的思维走下去，那样只会让你随波逐流。给自己一个新想法，它会为你提供一个新的起点，让你的生活变得容易，使你更好地前行。

有这样一个小故事对我们很有借鉴意义。

从前，在两座比邻的大山上分别有一座庙，庙里各有一个小和尚。两座山之间有一条小溪，两个小和尚都到这条小溪里挑水喝，他们经常碰面，久而久之就成了好朋友。一晃几年过去了，两个小和尚一直重复着这种日子。可是有一天，右边那座山上的小和尚没有看到另一个小和尚。"他一定是睡过头了。"这个小和尚猜想着。可是，接下来的一个多月，左边山上的那个和尚始终没有下山挑水，这让右边山上的小和尚疑惑了："该不会出什么问题了吧？"于是，这个小和尚就来看望他的好朋友。令他感到惊奇的是，他的好朋友不仅安然无恙，还正在为花浇水呢。"你是从哪里弄来的水呢？"小和尚好奇地问。他的好朋友指着一口井说："我用零碎的时间在山上挖了一口井，这样，我就再也不用到山下去挑水了。"

左边山上的小和尚敢于突破下山挑水的老思路，挖了一口井，从而使自己在以后的生活中省了不少工夫。在现实生活中，我们也应勤动脑筋，多想一些生活法则，这有助于我们把自己的生活打理得更好。

在这本书里，你看不到那些老生常谈却几乎毫无用处的道理。比如，时间是能够治疗一切伤痛的；爱所有的人；当别人打你一侧脸庞的时候，把另一侧也送上去；以牙还牙，以眼还眼等。这些道理不是不切实际的、愚蠢的，就是令人感到不愉快的。你在制订新的法则的时候，也应避免陷入这样的误区中来。使自己的新法则能更好地适合你自己，并具有现实可行性，这对你非常重要。

生活中，不管是你通过观察所得还是灵光一闪的顿悟，你都要有意识地去总结自己的思想，努力让其形成一条新的生活法则。每天都增加一条新的法则，如果这对于你来说有些难度，你也可以根据自身的情况适当地放宽时间限制，但是应该时刻想着这件事。用不了多久，你就会习惯并乐于每天寻找新法则，它会让你的生活充满乐趣而且积极向上。当然，在这里我还要提醒一下：不管你做了什么，你从中得到了怎样的乐趣，不要告诉别人，保持缄默。

要做一个遵循生活法则的人，你必须对生活充满热情。不但要兢兢业业地工作，尽心尽力地照顾好自己的家庭，同时还要雄心勃勃、不屈不挠地为自己的理想打拼。只要你能坚持下来，你的生活就一定是快乐而有意义的。当然了，谁也不能避免错误的出现，失败也并不可怕，没有人可以尽善尽美。所以，即使遭遇了挫折，我们也要好好地享受这个激动人心的过程，愉快和开心才是最重要的。

关 键 点 拨

1. 如果你认为这些法则就代表了所有的法则，那么你极有可能在未来的生活中栽大跟头。

2. 使自己的新法则能更好地适合你自己，并具有现实可行性，这对你非常重要。

人一生不可不知的生活法则